⬆口絵 2 - 1　側溝に発生したアオコ

⬆口絵 2 - 2　上：そらなっとうの栄養細胞（左）と芽胞（右）
資料提供：近畿大学牧輝弥先生
下：そらなっとう
資料提供：株式会社金城納豆食品

米味噌　　　　　　　麦味噌　　　　　　　豆味噌

⬆口絵 5 - 1　米味噌，麦味噌，豆味噌

資料提供：みそ健康づくり委員会

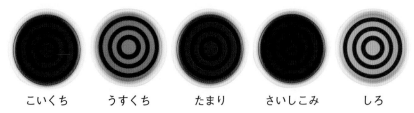

こいくち　　うすくち　　たまり　　さいしこみ　　しろ

⬆口絵 5 - 2　各しょうゆ

資料提供：しょうゆ情報センター

A. 肩付きフラスコ　　　　　　B. 振盪機

⬆口絵 6 - 1　小規模の微生物培養装置

●口絵 6 - 2　小型ジャーファーメンター
（小型通気撹拌型培養装置）
資料提供：エイブル株式会社・株式会社バイオット

●口絵 6 - 3　工業生産用発酵タンクとその内部
資料提供：大東工業株式会社

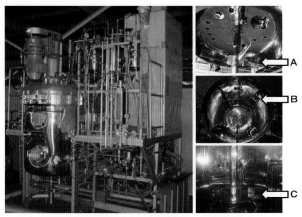

A：消泡装置　B：邪魔板　C：撹拌翼

●口絵 7 - 1　上：酢酸菌（*Gluconacetobacter hansenii*）（左）
と培地上面にできたバクテリアセルロース（右）
下：バクテリアセルロースで作製した折り鶴
資料提供：香川大学田中直孝先生

①し尿・浄化槽汚泥②活性汚泥③沈殿槽上澄み水④凝集沈殿処理水⑤砂ろ過処理水⑥放流水

⬆口絵9-1　活性汚泥による汚水の浄化

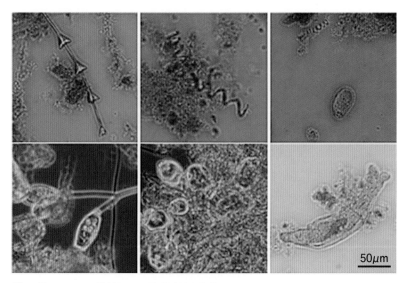

⬆口絵9-2　活性汚泥の顕微鏡観察像

暮らしに役立つバイオサイエンス

岩橋　均・重松　亨

はじめに

　"バイオサイエンス"は人類の歴史の中で，より豊かな暮らしを求め
たときに始まった科学と考えられます。狩猟・採集生活から牧畜・農耕
生活への転換がバイオサイエンスの始まりと考える事が出来きるからで
す。家畜の繁殖や生育を上手く管理し，作物の収穫を多く上げることが
できる人々，すなわち，バイオサイエンスを発展することのできた人々
がより豊かな暮らしを享受できたと考えられます。現代のバイオサイエ
ンスの発展には著しいものがあります。遺伝子組み換え技術やゲノム編
集技術を確立し，生物に新しい機能を付与することに成功しています。
さらに，生命の基本であるゲノムを人工的に合成することにも成功し，
人工的な生命の創生に挑戦しています。本書「暮らしに役立つバイオサ
イエンス」の改訂に際して，このような新しい技術革新の部分を加え紹
介しました。遺伝子組み換えやゲノム編集のように新しい技術は，微生
物学を基盤としています。このため，新しい技術を理解するうえでも，
本書は微生物学を基本とし，講義は微生物との出会いから始まります。
　人類が微生物を利用してきた最初の例は，今から10万年前，ネアンデ
ルタール人（*Homo neanderthalensis*）の時代に遡ります。人類は概ね
この頃から遺骸を土に埋める「埋葬」を始めたと言われています。埋葬
という技術は，土の微生物が有機物を分解・無機化するプロセスを利用
することで遺骸を処理した最も古いバイオサイエンスとみなすことがで
きます。さらに，紀元前数千年頃，偶然ヨーグルトの作成法を知り，目
に見えない生物をバイオサイエンスの対象とすることに成功します。微
生物学の誕生です。微生物をバイオサイエンスの対象とすることにより，
乳酸菌食品，お酒作り等が発展し，食品の保存が可能になったばかりで

4

はなく，食べることを楽しむ生活が始まりました。人類は目に見えない微生物を用いたバイオサイエンスをさらに発展させていきます。味噌・醤油に代表される伝統食品は，長い時間をかけてその製法を進化させてきました。微生物を利用した匠の時代です。

　微生物は常に我々に恩恵を与えてくれるわけではありません。食中毒や感染症は現在でも人類の脅威であり，微生物をいかに制御するかはバイオサイエンスの中心課題です。微生物との戦いはバイオサイエンスをさらに発展させます。抗生物質に代表される医薬品の生産に微生物が利用され，食品から医薬品へとその有用性を広げていきます。環境を守るためにも微生物は利用されていきます。ほぼすべての有機化合物を分解することができるからです。

　バイオサイエンスを発展させた人類は，さらに，微生物を設計改変する技術を獲得します。それが遺伝子組み換え技術であり，ゲノム編集技術です。これら，技術は，植物や動物の設計改変へと発展し，遺伝子組み換え食品，疾患モデル動物，ヒトiPS細胞，ゲノム編集食品の作成に成功します。さらには，グローバルな自由貿易における安心・安全な社会の実現や政策手段として利用されようとしています。

　本講義は，微生物を知ることから始まります。第1，2章では，微生物の定義を学び，微生物の発見と，微生物はどこにいるのかを理解します。第3章では，微生物の負の面を学び微生物を除く方法を学びます。これらを通して，自然の一員である微生物の理解を目指します。人類は，目に見えない微生物をどのようにうまく利用して来たのでしょうか。伝統食品，それらを造る匠の技から現代の発酵工業技術まで，微生物を利用するための技術を第4，5，6章で理解します。微生物の利用技術は，微生物の物質生産能力，物質変換能力，物質分解能力によります。第7，8，9章では，これら能力を我々がどのように利用しているのかを日常

生活と関わりの深い製品を具体例として紹介し，微生物の能力を理解します。第10，11，12章では，微生物の能力を飛躍的に高め，微生物を分子レベルで解析し，設計改変する技術，遺伝子組み換え技術を紹介し，その利用例や解読される微生物遺伝子情報について理解します。第13，14章では，これら新しい技術革新がもたらした成果を紹介し，新たなチャレンジに迫ります。第15章では，「微生物に与えられた課題」と題して，微生物学が未来で果たさなければならない使命を考えます。

　本書を通じてバイオサイエンスに貢献する「微生物」への理解を深め，バイオサイエンスの将来を考えて頂きたいと思います。何よりも，一人ひとりの「微生物」に対する科学的概念の構築を期待します。

2020年10月
著者を代表して
岩橋　均

目 次

1 | バイオサイエンスの主役，微生物

岩橋　均

《**目標＆ポイント**》　バイオサイエンスの主役とも言える微生物は，目に見えない程小さい生物の総称です。動物や植物のように日頃，目にすることはありません。時にはキノコのように我々の前に姿を現し，赤潮などのように存在を確認できることはあります。微生物の姿を観察し，どのような種類の微生物がいるかを学びます。

《**キーワード**》　微生物，バイオサイエンス，バクテリア，アーキア，ユーカリア

1. 講義の狙い，科学的概念の構築： バイオサイエンスと微生物

　微生物は，目に見えない程小さい生物の総称です。動物や植物のように日頃，目にすることはありませんが，納豆菌（枯草菌，*Bacillus subtilis*，（図1-1）），大腸菌（*Escherichia coli*，（図1-2）），パン酵母（*Saccharomyces cerevisiae*，（図1-3））などは耳にしたことのある人は多いと思います。個体としては目に見えないことは多いですが，時にはカビやキノコのように我々の前に姿を現し，赤潮などのように存在を確認できることはあります。味噌，醤油，お酒，排水処理，医薬品の生産など，暮らしの中で微生物は活躍していますが，それを意識して生活をしている人は少ないと思います。本講義では，日頃目にすることのない微生物が，バイオサイエンスという学問分野を通して，暮らしに役立っていることを紹介しながら，微生物を学びます。本講義を通して，

12

微生物を中心としたバイオサイエンスに対する科学的な概念を各受講者が自ら構築してほしいと願っています。バイオサイエンスは日常生活において関わりの深い学問分野だからです。本講義を通して各人が構築した科学的概念を日常生活の「楽しみ」や「リスク管理」，さらには「専門分野」に生かしながら発展させるきっかけとなることを願っています。

2. 微生物を観察する

納豆菌 (*Bacillus subtilis*, 図1-1) や大腸菌 (*Escherichia coli*, 図1-2) のような微生物は，光学顕微鏡を利用しなければ見ることができません。光学顕微鏡や電子顕微鏡を利用しないと見ることができない小さな生物です。大きさは1ミクロン（1ミリメートルの千分の一）程度で，1000倍に拡大できる光学顕微鏡で何とか見えるサイズです。納豆菌や大腸菌は球状ではありませんので短径が1ミクロン程度，長径が数ミクロンになります。お酒の醸造に欠かせない酵母（図1-3）はこれよりすこし大きく10ミクロン弱の大きさがあり，400倍程度の倍率でも見ることができます。カビ類の大きさはこれよりすこし大きく，数十ミクロン程度の胞子を形成し，1ミリ近くの長さになる菌糸といわれる部分を持っており，100倍程度の倍率で観察することができます（図1-4）。

電子顕微鏡は光より波長の短い電子線を用いて微生物を観察します。このため細胞の内部や光学顕微鏡では観察できないウイルスを観察することもできます。微生物の観察には走査型電子顕微鏡と透過型電子顕微鏡が利用されます。走査型電子顕微鏡では電子が微生物に当たって反射する電子線を検出します。このため，微生物の形や表面構造を観察するのに適しています。透過型電子顕微鏡では，微生物の切片を作成しその

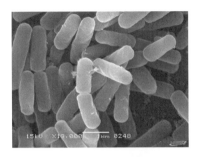

図1-1　枯草菌（納豆菌）
学名：*Bacillus subtilis*
走査型電子顕微鏡（SEM, scanning electron
microscope）19,000倍

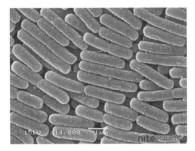

図1-2　大腸菌
学名：*Escherichia coli*
走査型電子顕微鏡（SEM, scanning electron
microscope）14,000倍

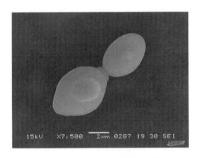

写真提供：独立行政法人製品評価技術基盤機構
バイオテクノロジーセンター

図1-3　酵母　学名：*Saccharomyces cerevisiae*
走査型電子顕微鏡（SEM, scanning electron microscope）7,500倍

切片を透過してくる電子線を観察します。細胞の内部構造を観察するの
に適しています。

　微生物は様々な形をしています。納豆菌や大腸菌は桿菌と呼ばれて筒
状の形をしています。黄色ブドウ球菌（*Staphylococcus aureus*）は球形
でブドウのように集まっています。酵母は球形に近い形をしており，こ
の他にも，微生物の形は様々です。螺旋状，繊維状，三角錐の形に似た
微生物までいます。カビ類は，複雑な姿をしていると言えます（図1-

図1-4　カビ類のスケッチ

佐々木酉二著『わが心の微生物』より

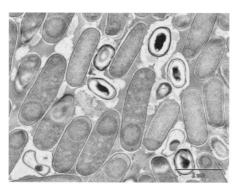

図1-5　バクテリアが作る芽胞

画像提供：株式会社東海電子顕微鏡解析

4）。麹菌（*Aspergillus oryzae*）に代表されるカビ類は菌糸が水平に広がり，垂直に伸びた菌糸の上にはタンポポの穂のような胞子が重なって

います。垂直に伸びた菌糸の下には，放射状に伸びた菌糸が広がっています。古くは麹菌を「もやし」と呼んでおり，もやしを専門に作る業者は今でも存在します。胞子は微生物の卵のようなものです。カビ類の胞子は生育場所を広げるために作られると考えられています。バクテリアも胞子を作りますが，芽胞（図1-5）と呼ぶことが一般的です。芽胞は熱や圧力に強いことから，悪い環境を耐え抜くために作られると考えられています。

3. 微生物と人類

　人類が微生物を利用した最初の例は，今から10万年前，ネアンデルタール人（*Homo neanderthalensis*）の時代に遡ります。人類は概ねこの頃から遺骸を土に埋める「埋葬」を始めたと言われています。埋葬は，土の微生物が有機物を分解するプロセスを利用する技術と言えます。紀元前数千年頃には，ヨーグルトが発見され，紀元前3,000年頃のメソポタミアではビール造りが行われていました。目に見えない生物をバイオサイエンスの対象とすることに成功しました。微生物学の誕生です。以後，酒類をはじめ様々な発酵・醸造食品の製造に微生物が利用され続け，微生物利用技術の発展とともに食文化が発展してきました。

　さて，わが国における食品製造への微生物利用の歴史はどうだったでしょうか。いわゆる「魏志倭人伝」によると，2-3世紀の当時の倭の人々の間では酒類がかなり日常生活に普及していたようです。さらに，紀元前14,000年から紀元前300年にわたる縄文時代には，既に口噛みの酒があったと推測されています[※1]。現在，わが国は様々な発酵食品に富んだ世界的にも特徴的な食文化を形成していますが，その起源はメソポタミア文明と同等あるいはさらに古い時代に遡ると考えられているのです。わが国における微生物利用において特筆すべき技術の一つに，微

[※1] 口噛みのお酒は，唾液に含まれるアミラーゼででん粉を分解，生成した糖を発酵させ，お酒にします。

出芽酵母

Saccharomyces cerevisiae

出芽酵母は，出芽によって生育する酵母の総称ですが，*S. cerevisiae* を示すことが多いです。この酵母はお酒造りやパン作りに利用されるため，ビール酵母やパン酵母と呼ばれることがあります。微生物の中では最もバイオサイエンスに貢献し，暮らしに役立っている微生物です。出芽では，卵形の母細胞にこぶのような物ができ，このこぶが娘細胞となります。酵母は真核微生物であるため，バクテリアと異なり，ヒトに近い種類になります。*S. cerevisiae* は遺伝子組換えにも多用されており，真核生物として最初に全遺伝子の配列が決定された微生物です。

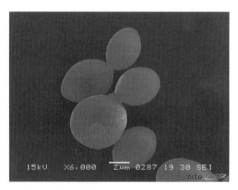

画像提供：独立行政法人製品評価技術基盤機構バイオテクノロジーセンター

生物の一種である麹菌（*Aspergillus oryzae*）を利用する技術を確立したことが挙げられます。この技術は弥生時代に生まれたとの説もありますが，記録の上で登場するのは奈良時代の「播磨国風土記」が最初と言われています。麹菌はアミラーゼやプロテアーゼといった酵素の分泌力が高いカビの一種で，アミラーゼによる米でん粉の糖化は口噛みの酒が日本酒へ進化する上で欠かせない技術です。また，プロテアーゼによるタンパク質の分解は味噌や醤油の製造に利用されてきました。平安時代を過ぎると，この麹菌の胞子を純化し保存した，微生物製剤のルーツともいうべき「種麹」の製造技術が開発されました。今から700年も前に誕生した種麹に支えられた麹菌利用技術の普及および発展は，酒類をはじめとして実に多種多様な発酵・醸造食品を製造するために大いに貢献してきたと考えられます。

4. 微生物の発見

　約300年前のヨーロッパで一人のオランダ人が顕微鏡下で微生物を観察することに成功しました。レーウェンフック（Antonie van Leewenhock）は，最大倍率約250倍の単式顕微鏡を自作し，これを用いて様々なものを観察しました。1674年，池の水に微生物［当時レーウェンフックは "animalcules"（小動物）と名付けました］を発見しました。彼は，微生物が池の水だけでなく食酢の中，口内などにも存在することを認めました。レーウェンフックによる観察記録はイギリス王立協会に送られ，ラテン語に翻訳されてレーウェンフック全集として発刊されました。微生物の発見は当時の生物学にパラダイムシフトをもたらし，この小さな生き物の世界は一躍注目を集めるようになりました。しかし，顕微鏡の改良が進まず，当時の顕微鏡ではバクテリアのような数μm以下の大きさの微生物を観察するのが難しく，微生物学は19世紀後半まで

あまり進展しませんでした。また，当時の研究者が，微生物を研究する手段として専ら顕微鏡による観察に頼っていたため，微生物の働きや生態について知ることは難しかったのです。特に大きな問題となったのが，微生物がどうやって発生するのかという点でした。当時は微生物が無生物から発生するという「自然発生説」が主流でした。

図1-6　スワンネック型のフラスコ
イメージ提供：YassineMrabet

この考え方は，動物や植物などでは疑問視されていましたが，微生物の自然発生説を否定するには至りませんでした。

　1861年，フランスのパスツール（Louis Pasteur）は，「空気中に存在する有機体についての記録」を出版しました。その研究の中で，彼は有名なスワンネック（白鳥の首）型のフラスコ（図1-6）を用いた実験を行い，自然発生説を否定しました。まず，スワンネック型のフラスコ中に肉汁を入れ加熱することで肉汁中の微生物を殺菌します。その際，水蒸気が水滴となり細長い首の部分に溜まるのでフラスコの中と外で微生物の行き来はできません。しかし，水に溶けたフラスコの外側の空気は，水を介してフラスコの中に拡散することは可能で，水を介して空気は出入りできるようになります。こうした状態でフラスコを放置しても，肉汁中に微生物の発生は認められませんでした。こうして微生物の自然発生説が否定されたわけです。パスツールはこの研究の過程で，微生物を加熱殺菌に基づいて「無菌操作」する技術を確立しました。この技術は微生物学における実験の基礎として今日まで踏襲されています。また，食品の腐敗防止と長期保存技術にも応用されています。パスツールがあみ出した低温殺菌法（pasteurization）は，現在でも乳製品や発酵食品

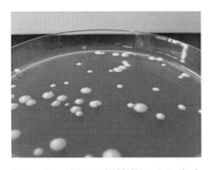

図1-7　寒天平板培養による微生物コロニー

の滅菌法として用いられています。

　パスツールと同時期に，ドイツでも微生物学を確立するために大きく貢献した人物が現れました。1876年，コッホ（Heinrich Hermann Robert Koch）は，炭疽菌（*Bacillus anthracis*）を純粋分離することに成功しました。微生物の純粋培養を行うための簡便な方法を確立することが重要と考えていたコッホは，固形物の表面に分離した微生物が増殖するとコロニー（集落）が形成されること，そして一つのコロニーは1種類の微生物からなることに注目しました。彼は，液体培地に固化剤としてゼラチンを加えた固体培地を考案し，微生物を純粋に分離して培養する「純粋培養法」を確立しました。その後，コッホの共同研究者であったヘッセ（Walter Hesse）により，ゼラチンに代わって寒天が培地の固化材として用いられるようになります。この寒天培地を用いた純粋培養法は微生物学の誕生と発展に大きく貢献することになり，現在でもこの寒天培地は汎用されています。微生物を利用するための基本となる技術です。

5. 微生物の分類

　微生物の仲間は様々です。現在，生物を3つのドメインに分けて分類することが提唱されています（図1-8）。バクテリア（Bacteria），アーキア（Archaea），ユーカリア（Eucarya）の3ドメインです。主として植物界と動物界を区別するために用いられていた分類体系，界，門，

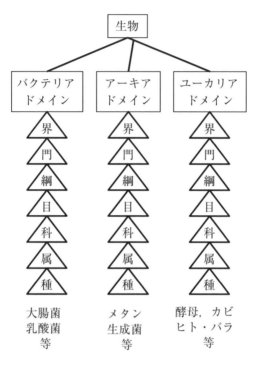

図1-8　生物の分類

綱，目，科，属，種，の最も上位にドメインが置かれています。バクテリアは真正細菌と訳され，アーキアは古細菌または始原菌と訳されますが，未だ統一はされていません。ユーカリアは真核生物と訳されます。本書では，バクテリア，アーキア，ユーカリアを用います。バクテリアには，納豆菌，乳酸菌，大腸菌等が含まれます。アーキアには特殊な環境で成育する微生物が多く含まれており，バクテリアやユーカリアとは分類学上分離した方が良いという考えの下，分類されています。バクテリアとユーカリアの中間的な性質を示す点が多々認められているからで

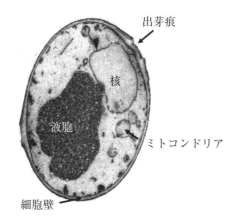

出芽痕

核

液胞

ミトコンドリア

細胞壁

図1-9　酵母の透過電子顕微鏡（TEM）写真

す。ユーカリアには，微生物では，酵母，カビ，一部の藻類が含まれています。ユーカリアには我々ヒトも分類され，動物，植物はこの仲間です。分類学上「酵母とヒト」は「酵母と大腸菌」に比べるとずっと近い仲間といえます。ユーカリアの細胞を光学顕微鏡よりも高倍率で観察できる，電子顕微鏡で観察すると，染色体を包み込む核，呼吸に必須のミトコンドリア，細胞が分裂したあとの出芽痕等の細胞器官を確認することができます（図1-9）。

22

課題研究

皆さんがこれまでの暮らしの中で，微生物を認識したことは数多くある
と思います。思い出して，メモをとってください。そして，その内容が，
本講義のどこで解説されるのかをさがし，自分の考察と対比させてみま
しょう。

参考文献

☐ Scientific American, October 04 2007
  http://www.scientificamerican.com/article.cfm?id=strange-but-true-largestorganism-is-fungus
☐『Brock　微生物学』オーム社（2003年）
☐佐々木西二『わが心の微生物』東京パストゥール会（1993年）
☐相田浩，高尾影一，栃倉辰六郎，齋藤日向，高橋甫『新版応用微生物学』朝倉書
  店（1981年）
☐菊池慎太郎，高見澤一裕，張㟽喆『微生物の科学と応用』三共出版（2012年）
☐ R. Y. スタニエ，M. L. ウィーリス，J. L. イングラム，P. R. ペインター『微生物
  学（原書第5版）』培風館（1989年）
☐小泉武夫『発酵』中公新書（1989年）
☐日本微生物生態学会教育研究部会『微生物ってなに？』日科技連（2006年）
☐ D. R. Boone, R. W. Castenholz（ed.）"Bergey's manual of systematic
  bacteriology" 2nd ed., Vol. 1, Springer-Verlag, New York, N.Y.（2001）
☐日本分析機器工業会〈JAIMA〉https://www.jaima.or.jp/

2 | 自然界の微生物

安部博子

《**目標＆ポイント**》 微生物は自然界のいたる所に存在します。そして，生態系を構成する一員となっています。微生物は過酷な環境下でも上手に適応しながら生きています。本章では，微生物がどのような場所にすんでいるのか，一般的な微生物から始まり，空飛ぶ微生物，深海微生物，極限環境微生物等，様々な環境に適応して巧みに生命活動を営む微生物達を学びます。
《**キーワード**》 環境と微生物，深海微生物，極限環境微生物

1. 微生物のすみか

（1）陸　地

　微生物は小さすぎて肉眼で見ることはできませんが，私達の足下の土にはいったいどれくらいの微生物が存在しているのでしょうか？　土壌１グラムの中には100億個ものバクテリアが活動しているといわれています。また，砂漠のような乾燥した砂地でも１ｇあたり10億個程度の微生物がみられます。12章で学びますがゲノム解析技術の進歩によって微生物群の多様性，分布，個体群動態を半定量的に明らかにすることができるようになってきました。また，環境中から直接抽出したゲノムDNA の塩基配列を調べることによって，環境中の微生物生態系をまるごと解明することができるようになってきました。このような技術の発展によって自然界にいる微生物のおよそ99％以上が未知であることがわかってきました。このようにまだまだわからないことだらけの微生物の

世界ですが，一般的には微生物の種類や数は生息する環境によって大きく変わってきます。例えば森林や草地の土壌ではカビの割合が高く，火山灰の土壌では放線菌，嫌気性細菌などのバクテリアの割合が高くなります。水田や畑土壌ではバクテリアの割合が高い傾向です。地下深くにもたくさんの微生物が生息していることが分かってきました。おどろいたことに，地球の深部（海底下2.5 km，深度5 km以上の鉱山や掘削孔）の調査によると非常に多くの微生物がみられ，その生物量（バイオマス）は炭素重量に換算すると150億トン以上になることが分かってきました。また，なかでもバクテリアとアーキアが多く，地球上の70％が地下生命圏に属していると推定されています。

　通常，微生物は土壌表面の枯れ草や枯れ葉，動物の遺体や排泄物に生息し，これらの有機物をエネルギー源として生きています。一方，上述のような地下深くの栄養分どころか酸素さえ極端に少ない環境では，硫黄や水素，硫化水素をエネルギー源として生きています。

　土壌中ではバクテリアが最も数が多く，真菌類は有機物の多い表層土壌中に多く1 gあたり100万個程度存在し，土壌の深さとともに減少していきます。藻類も光の届く表層に多く見られます。土壌の藻類では緑藻，珪藻が主に見られます。原生動物は土壌の浅い所，特に植物の根の周りに多く見られます。原生動物は乾燥に弱く，土に吸着する水の膜中を移動したりしています。陸上の多くの原生動物は環境耐性のあるシストと呼ばれる休眠状態で存在しています。

　枯れ草には納豆菌が属する枯草菌（*Bacillus subtilis*）が，また，花，果物，野菜には高濃度の糖類液中でも増殖できる酵母やバクテリアがすんでいます。幹や枝にもカビ，藻類，バクテリアがみられます。マメ科植物の根には，イボのような根粒が形成されますが，この中には根粒菌とよばれるバクテリアが生息しています。この根粒菌は，大気中の窒素

○○○○○○○○○○
今日の微生物
○○○○○○○○○○

枯草菌
Bacillus subtilis

枯草菌は芽胞を形成するグラム陽性桿菌です。自然界では土壌や植物，淡水，海水に普遍的に存在します。*B. subtilis* は枯草菌の一種で，大豆から納豆を作る菌として有名です。本章で学んだように枯草菌の芽胞は，様々なストレスに耐性を持つので大気中を浮遊したり，長期間生存したりすることができます。また，アミラーゼやプロテアーゼを多く分泌するので，酵素や化合物の製造に利用されています。

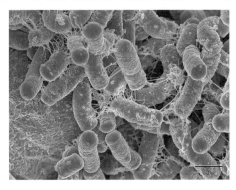

画像提供：株式会社東海電子顕微鏡解析

ガスを植物が利用できる形に変換し，植物へと供給します（第8章参照）。一方，植物からはエネルギー源をもらうという共生関係を築いています。またフランキア（*Frankia*）とよばれる放線菌の仲間も根粒を作り植物と共生しています。菌根菌とよばれるカビは植物の根にすみつき菌糸を伸ばし，根より遠くの無機栄養物を植物にあたえています。マツとマツタケの関係がよく知られています。

　もちろん，私達の生活環境の中にも微生物はたくさん生息しています。台所やお風呂のヌメリの正体は多種類の微生物が集まってできた膜状の集合体であるバイオフィルムと呼ばれているものです。トイレには大腸菌（*Escherichia coli*）を始めとしてたくさんのバクテリア，カビがみられます。冷蔵庫内にも大腸菌や低温菌などがすんでいます。花瓶の中の水にも原生動物やカビなどの微生物がたくさんみられます。また，私達の皮膚や口の中，消化管には実に多くの微生物がすみついているといわれています。表皮の微生物は「皮膚常在菌」と呼ばれています。表皮ブドウ球菌，食中毒の原因菌である黄色ブドウ球菌（*Staphylococcus aureus*），ニキビで有名なアクネ菌（*Propionibacterium acnes*）などが皮膚常在菌です。健康な皮膚状態ではアクネ菌は酢酸やプロピオン酸を作り，黄色ブドウ球菌が増えるのを抑制するといった善玉菌の働きをしています。このように人体に生息する微生物は互いのバランスを保ちながらヒトとの共生関係を保っています。上述のアクネ菌のように人体が健全な状態では皮膚常在菌は人に害を与えることはありません。しかし，なんらかの原因でこのバランスが壊れると異常増殖を引き起こし，ニキビのように人体に害をおよぼすようになります。腸には100種類100兆個の腸内細菌がすんでいると言われています。大腸菌は腸内細菌ですが，有名なビフィズス菌も善玉の腸内細菌の一つです。一方，クロストリジウム属のウェルシュ菌（*Clostridium perfringens*）は悪玉菌の代表でア

ンモニア，インドールといった腐敗産物を生産します。上述の通り，ゲノム解析技術の進歩に伴い，腸内微生物のゲノム解析研究も飛躍的に進んできました。この結果，さまざまな疾患と腸内細菌叢の乱れとの関連性や疾患の発症に直接的に関わる腸内細菌が次々と発見されています。現在では，腸内細菌叢を調べて健康状態をチェックするなどがおこなわれています。

　このように陸上では土壌，植物，家の中，私達自身に至るまでたくさんの微生物が環境と深く関わりながら生命を営んでいることが分かります。

（2）水　中

　湖，川，海などさまざまな水中環境にも多くの微生物が住んでいます。ときどき，湖や池の表面に緑の塗料を垂らしたようなかたまりを見かけることがありますが，これはアオコと呼ばれるラン藻類の集団です（口絵2-1）。ラン藻は光合成細菌で主に光の届く表層に生息しています。微生物の数や種類は水深や季節，有機物の量，水中に溶けている酸素濃度によっても変化します。深層の水は表層に比べ酸素が少なくなっていることから，嫌気性のバクテリアや原生動物の割合が高くなります。また，湖底にもたくさんのバクテリアや原生動物が生息していて，湖底に沈んだ植物や魚類，藻類の遺体の分解を行います。

　川では上流，下流で微生物の種類や数が大きく異なります。また，川底の状態や水質，水深もそれらの種類と数に大きな影響を与えます。綺麗な水の上流域では栄養となる有機物が少ないので，少ない栄養源でも生きることが出来る貧栄養微生物がみられます。一方，下流域では，下水，工業排水などが流入し大量の有機物が増加するので，これらの有機物を分解するバクテリアの割合が多くなります。川底や岩石にはバイオ

フィルムが作られ，このバイオフィルムには多くのバクテリア，藻類，原生動物が生息しています。水中の枯れ木，葉，魚にはカビが寄生しています。

　海にも非常にたくさんの微生物がすんでいます。海水中にはバクテリア，細菌，藻類，原生動物などが生息し，カビもみられます。漁業に大きな被害をもたらす赤潮は，河川からの栄養物が大量に海に流れ込み，植物プランクトンが異常発生することによっておこります。異常発生するプランクトンの種類によって赤潮の色は異なり，渦鞭毛藻（2本の鞭毛を持つ単細胞藻類の一群）の場合は桃色，ラン藻の仲間のトリコーム（*Trichodesmium*）は赤紫色，ラン藻の仲間のミクロキスティス（*Microcystis*）や緑藻，ミドリムシでは緑色になります。

　海に見られる光合成細菌や微細藻類が光合成（海洋光合成）で作り出す有機物の量は，陸上植物が作り出す量にほぼ匹敵すると言われています。このことからも，海にはたくさんの微生物がすんでいることが分かります。また，このような海で光合成を行う微生物は二酸化炭素の削減に重要な役割を持っているといえます。海でも陸上と同様に，水深，温度などの環境要因によって微生物の数，種類は変わってきますが，水深1万mに及ぶ深海，深海底にもたくさんの微生物がみられます。

（3）大　気

　大気には陸，海，河川から飛散するほこりや飛沫にまじり，細菌，カビ，藻類，原生動物が浮遊しています。大気中は水分の蒸散が激しく乾燥ストレスにさらされます。また，紫外線やオゾンも殺菌効果を持つので，大気中は微生物が生存するには難しい環境です。しかしながら，胞子形成菌，カビ，糸状菌，シストを形成する原生動物などの中にはこのようなストレスに対し耐性を持っているものもあります。大気中は微生

物にとってすみにくい環境ではありますが，高度１万メートルの空にも大量の微生物がみられ，100種類以上の細菌が生存していることが分かってきました。春先に私達を悩ませる黄砂にも微生物が付着しています。この黄砂中の微生物を調べると納豆菌の仲間であるバチルス属（*Bacillus*）がたくさん見つかります。*Bacillus* 属は過酷な環境になると芽胞という特殊な細胞をつくりだすことによって様々な環境ストレスに耐えることができるようになります。この黄砂は偏西風に乗り数日で日本へやってくるので，中国の砂漠にすんでいた *Bacillus* 属などの微生物は頻繁に日本へやってきていると考えられます。石川県の能登半島上空3000ｍ付近から採取されたエアロゾルから納豆菌（枯草菌，*Bacillus subtilis*）が発見されており，この上空から回収された納豆菌を利用して納豆が作られ販売されています（口絵２-２）。また，植物病原菌で成層圏を通じて遠距離を移動し，遠く離れた地で作物に被害をもたらしたという報告もあります。このように大気中にもはるか上空にも微生物が生息しており，微生物が世界中を飛び回っていることが分かります。

2．特殊環境をすみかとする微生物

　このように微生物は陸上，水中，大気中に広く生息していることが分かりました。また，微生物は高温，高圧，高塩濃度，無酸素，強酸，高アルカリ性などのヒトがとうてい生きていくことができないような特殊な環境でも生息しています。このような環境にすむ微生物を極限環境微生物といいます。

（１）高温・低温

　猛暑日は気温35℃以上，真冬日は最高気温が０℃未満の日のことですが，私達人間にとってはどれもとても厳しい環境です。しかしながら，

微生物の中には100℃以上の
高温でも普通に生育できるも
のが見つかっています。これ
らを好熱微生物といいます。
55℃以上で生育することがで
きる微生物を好熱菌，65℃で

表2-1　高温下に生息する微生物の分類

温度による分類（高温）	生育温度
好熱菌	55℃以上
中等度好熱菌	65℃以上
高度好熱菌	75℃以上
超好熱菌	90℃以上

も生育可能なものを中等度好熱菌，75℃以上で生育できるものは高度好
熱菌といい，表2-1で示されている通り，微生物が生育できる温度で
分類されています（表2-1）。分子生物学的解析においてなくてはなら
ない技術の一つであるPCR（polymerase chain reaction）ではDNAポ
リメラーゼを用いて，目的とするDNAを100万倍にまで増幅すること
ができます。この技術に必須の酵素であるDNAポリメラーゼには高度
好熱菌のサーマス・アクアティクス（*Thermus aquaticus*）のものが使
われています。

　また，90℃以上で生育できる微生物を超好熱菌といいます。深海によ
く見られる熱水噴出孔のように，100℃以上になる場所でも生息するこ
とができる微生物がいます。超好熱菌の多くはアーキアの仲間です。メ
タノピュルス・カンドレリ116株（*Methanopyrus kandleri*）（図2-1）
はインド洋中央海嶺のかいれいフィールド（水深2450m，温度360℃）
の熱水から分離された超好熱メタン生成菌で，従来の培養条件では85℃
から116℃の範囲で生育することが確認されています。メタノピュル
ス・カンドレリ116株（*M. kandleri*）はメタン生成菌としては好熱性，
耐熱性共に最も高いことが知られています。近年，高圧条件という特殊
な培養環境において，122℃という生物の生存にとってとんでもない温
度でも増殖できることが分かってきました。これは確認されたものとし
ては最も高温での増殖記録です。メタノピュルス・カンドレリ（*M.*

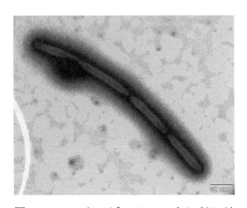

図 2-1　メタノピュルス・カンドレリ
(*Methanopyrus kandleri*)
2008年7月29日独立行政法人海洋研究開発機構プレ
スリリース
画像提供：海洋研究開発機構　撮影：高井研

kandleri）は常圧条件下では130℃で2時間まで生存することができ，
高圧条件下では130℃で3時間の加熱の後でも生存することができます。
なぜ好熱菌は高温条件下でも生育することができるのでしょうか？　好
熱菌のタンパク質の多くは高い耐熱性を示します。また，12章で学びま
すがゲノムという遺伝情報の集合体も高温条件下で安定しなければなり
ません。これにはリバースジャイレースという酵素が関与します。この
酵素の働きによって好熱菌のDNAのらせん構造にさらにねじれが加え
られて超らせん構造がつくられます。この超らせん構造がゲノムの高温
下での熱安定性につながります。また，好熱菌のタンパク質の多くは耐
熱性だけでなく，通常タンパク質を変性させてしまう酸やアルカリなど
に対する耐性も高いことから，これら好熱菌のタンパク質は工業的資源
としても注目されています。
　逆に低温でも生育することができる微生物もたくさんいます。0から

5℃という低温下でも生育できる微生物のなかで，最適生育温度が15℃
以下，生育・生育上限温度が20℃以下の微生物を好冷菌，生育上限温度
が20℃より高いものが低温菌と分類されています。好冷菌は低温環境下
でしか生きていくことができないので，年間を通して低温が保たれてい
るところでのみ見ることができます。好冷菌から分離された酵素は低温
で強い活性をもつことが分かっています。また，低温で生きていくため
に必要な多くのタンパク質を作り出します。このような酵素やタンパク
質もまた，産業上有効に利用されています。

　昔から氷河や雪渓の表面が赤く染まる現象が確認されていますが，こ
れはクラミドモナス・ニバリス（*Chlamydomonas nivalis*）を代表とす
る緑藻の仲間が産生するカロテノイドによることが分かっています。こ
のように氷や雪の上でも微生物は生きています。南極の氷の下にある塩
湖では−13℃という環境下で微生物が発見されています。さらに，氷床
の約4km下に埋もれていた氷底湖にも多くの微生物の存在が確認され
ています。

（2）塩

　微生物の中には生育に塩が必要な好塩菌とよばれる細菌もいます。生
育に必要な食塩濃度に応じて，低度好塩菌，中度好塩菌，高度好塩菌に
分類されます（表2-2）。海水からは低度好塩菌が多く見つけられ，醬
油やもろみ，塩田や塩湖などからは中度好塩菌が見つけられます。高度
好塩菌は塩がこれ以上溶けな
い飽和食塩濃度でも生育する
ことができます。低度，中度
好塩菌にはバクテリアが多い
のに対し，高度好塩菌の大部

表2-2　高塩下で生息する微生物の分類

塩濃度による分類	最適生育食塩濃度
低度好塩菌	0.2〜0.5M
中度好塩菌	0.5〜2.5M
高度好塩菌	2.5〜5.2M

分はアーキアの仲間です。塩田が赤や紫やピンク色に染まることがあります。これは高度好塩菌や真核藻類のドナリエラ・サリナ（*Dunaliella salina*）の増殖によって染まることが分かっています。

　好塩微生物は高い塩濃度に対する耐性機構などを解明するための研究に用いられています。これまでに好塩菌は水溶性の低分子有機化合物を細胞内に蓄積させることや，タンパク質中の酸性アミノ酸含量が多いなどの特徴が明らかにされつつあります。また，好塩微生物は高濃度の食塩を含有する廃水の処理にも利用されています。

（3）圧　力

　深海のように常時高い圧力にさらされる過酷な環境でも微生物は生息しています。多くの微生物は耐圧性があるので，深海へと偶然運ばれたとしても死滅することはなく，ゆっくりと増殖するか，休眠状態となり深海で生息しています。深海にしかいない微生物もいます。好圧性微生物は，表2-3のように圧力の状況（1気圧は約0.1メガパスカル（MPa））における生育により分類され，好圧菌，中度好圧菌，絶対好圧菌の3つに分類されています。マリアナ海溝の底から見つかった絶対好圧性細菌 *Moritella yayanosii*（図2-2）は500気圧以下の圧力では増えることができず，生きていくのに最も適した圧力が800気圧です。この *M.*

表2-3　高圧力下で生息する微生物の分類

圧力による分類	最適生育圧力	生育条件
好圧菌	40MPa	大気圧下より加圧下での増殖速度が速い
中度好圧菌	40MPa 以下	40MPa でも大気圧下と同様に形体変化しないで増殖できるもの
絶対好圧菌		大気圧下では増殖できない

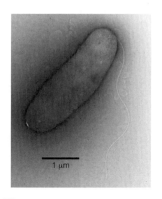

図2-2 *Moritella yayanosii*
画像提供：海洋研究開発機構
撮影：加藤千明

yayanosii は1200気圧，すなわち 1 cm^{2}の面に1200kg のおもりが乗って
いる状態，もしくはそれ以上の圧力でも生育することができます。

（4）pH

　強アルカリ，強酸性条件でも生きることができる微生物もいます。好
アルカリ性菌は pH10という強アルカリ性環境下で生育することができ
ます。アルカリフィルス・トランスヴァーレンシス（*Alkaliphilus*
transvaalensis）は，南アフリカトランスヴァールにある金鉱の地下
3200mで発見されました（図2-3）。このバクテリアは pH12.5という
強いアルカリ環境でも増殖することができ，最も pH の高い環境を好む
生物と言われています。pH12以上の液体には殺菌作用があるといわれ
ていますが，この菌を殺すことはできません。

　好アルカリ性菌には *Bacillus* 属が多く存在し，アーキアでは二つの
極限環境条件に適応できる高度好塩性好アルカリ性菌（ナトロノバクテ
リウム（*Natronobacterium*）属，ナトロノコッカス（*Natronococcus*）属）

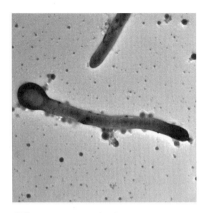

図 2 - 3　アルカリフィルス・ト
ランスヴァーレンシス（*Alkaliph-
ilus transvaalensis*）
Blue Earth 第15巻　第 4 号（2003年 7・8
月号）p 10（JAMSTEC）より転載
画像提供：高井研

および，高度好熱性好アルカリ性菌（テルモコックス・アルカリフィル
ス *Thermococcus alcaliphilus*））などが見つかっています。テルモコッ
クス・アルカリフィルス *T. alcaliphilus* は pH6.5から10.5の間で増える
ことができ，pH9.0が最適，温度は56℃から90℃の間で増えることがで
き85℃が最適温度です。カビ，酵母の仲間には好アルカリ性菌として分
離されているものもいます。中性付近まで生育できる通性好アルカリ性
菌とアルカリ域のみで生育できる偏性好アルカリ性菌とに分類されてい
ます（表 2 - 4 ）。

　一方，pH 3 以下という酸性条件下でも生育することができる微生物
もいます。このような微生物を好酸性菌（表 2 - 4 ）とよびます。好酸
性菌の中には菌体外に塩基性物質を分泌して中和しながら強酸性下で生
育する菌もいます。また，乳酸や酢酸を作るラクトバチルス・アシドフ

表2-4　pH による微生物の分類

pH による分類	生育可能 pH
好アルカリ性菌	
通性アルカリ性菌	中性域～アルカリ性域
偏性アルカリ性菌	アルカリ性域のみ
好酸性菌	pH 3 以下

ィルス（*Lactobacillus acidophilus*），グルコノバクター・オキシダンス
（*Gluconobacter oxydans*），アセトバクター・アセチ（*Acetobacter aceti*）なども好酸性菌です。カビや酵母のなかまには好酸性微生物に属するものもいます。また，真核温泉藻であるイデユコゴメ（シアニジウム・カルダリウム（*Cyanidium caldarium*））は pH 2 から 3 の環境でよく生育し，草津温泉の湯畑に大量にみられます。

（5）酸　素

　私達は酸素がなければ死んでしまいますが，酸素がなくても生きていくことができる微生物もいます。酸素がないと生きることができない微生物を好気性微生物といいます。それに対し，偏性嫌気性微生物は酸素があると生育できません。通性嫌気性微生物は酸素があってもなくても生育することができます。2％程度の酸素を必要とする微好気性微生物もいます。このように酸素の利用状況によって微生物を分類することができます（表2-5）。

　メタンを生成するアーキアは偏性嫌気性菌に分類することができます。偏性嫌気性微生物ではクロストリジウム（*Clostridium* 属）など，通性嫌気性微生物としては酵母，乳酸菌，大腸菌などが知られています。

表2-5　酸素要求性による微生物の分類

酸素要求性による分類	性　質
好気性微生物	生育に酸素が必要
偏性嫌気性微生物	酸素があると生育しない
通性嫌気性微生物	酸素があっても無くても生育できる

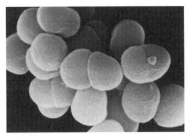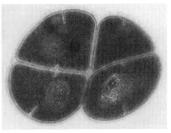

図2-4　デイノコッカス・ラディオデュランス（*Deinococcus radiodurans*）
画像提供：国立研究開発法人量子科学技術研究開発機構

（6）放射線

　放射線を利用して食品や医療品などの殺菌・滅菌が行われていますが，この放射線に対しても強い耐性を示す微生物がいます。グラム陽性細菌のデイノコッカス・ラディオデュランス（*Deinococcus radiodurans*）は大腸菌の半致死線量の約100倍，ヒトの半致死線量の1000倍である5000Gy以上でも死滅しません。さらに15000Gyでも生き残るものもいます（図2-4）。超好熱菌のテルモコックス・ガンマトレランス（*Thermococcus gammatolerans*）はより高い放射線耐性をもつことが明らかになってきました。デイノコッカス・ラディオデュランス（*D. radiodurans*）を用いて放射線への耐性機構が調べられています。放射線はDNAを傷つけますが，デイノコッカス・ラディオデュランス（*D.*

radiodurans）は放射線によって切断された DNA 鎖を修復する能力が
極めて高いことが分かってきました。

　以上のように非常に過酷な環境下でもたくさんの微生物が生息してい
ることがわかりました。また，このような極限環境微生物は研究者らに
よって日々探索・発見され，様々な研究が行われています。

課題研究

本章で紹介した極限環境に生きる微生物の探索および極限環境微生物の
研究解析は社会にどのような恩恵を与えることができるのかを考察しま
しょう。また，生物多様性条約において，様々な環境に生息する微生物
の保全および微生物の利用にどのような取り組みがなされているか調べ
ましょう。

参考文献

□柳田友道『微生物科学4生態』学会出版センター

□久保幹，森崎久夫，久保田謙三，今中忠行『環境微生物学』科学同人

□服部勉『微生物を探る』新潮選書

□浜本哲朗，浜本牧子『Q＆Aで学ぶ優しい微生物学』講談社

□岩坂泰信『空飛ぶ納豆菌』PHP研究所

□中井亮佑『追跡！辺境微生物　砂漠・温泉から北極・南極まで』築地書館

□松岡由希子『地下5キロメートルで「巨大微生物圏」が発見される』Newsweek
日本語版
https://www.newsweekjapan.jp/stories/world/2018/12/5-58.php

□ Field C.B., Behrenfeld M. J., Randerson J. T., Falkowski P., Science. 1998 281
(5374), 237-240.

□ A. E. Murraya, F. Kenigb, Christian H. Fritsena, C. P. McKayc, K. M. Cawleyd,
R. Edwardse, E. Kuhna, D. M. McKnightd, N. E. Ostromf, V. Penga, A. Ponceg, J.
C. Priscuh, V. Samarkini, A. T. Townsendj, P. Wagha, S. A. Youngk, P. T.
Yungg, P. T. Doran, Proc Natl Acad Sci U S A. (2012) Dec 11 ; 109 (50) :
20626-31.

□ Takai K, Nakamura K, Toki T, Tsunogai U, Miyazaki M, Miyazaki J, Hirayama
H, Nakagawa S, Nunoura T, Horikoshi K, Proc Natl Acad Sci U S A. (2008)
Aug 5 ; 105 (31) : 10949-54.

□ Takai K, Moser DP, Onstott TC, Spoelstra N, Pfiffner SM, Dohnalkova A,
Fredrickson JK, Int J Syst Evol Microbiol. 2001 Jul ; 51 (Pt 4) : 1245-56.

□ Nogi Y, Kato C. Extremophiles. 1999 Jan ; 3 (1) : 71-7.

□ E. Jolivet, S. L'Haridon, E. Corre, P. Forterre D. Prieur1, International Journal of
Systematic and Evolutionary Microbiology (2003), 53, 847-851.

3 | 微生物から食品を守る

井口晃徳

《目標＆ポイント》 微生物と食品の関係は長い歴史を持っています。発酵食品といわれるものの多くは，微生物の作用によって作られているものがほとんどであり，人類はそれが微生物による作用とは知りませんでしたが，長い歴史の中で経験的に利用してきました。一方で，人類の歴史は微生物との戦いでもありました。直接的にヒトの生命や健康に影響を及ぼす「病原菌」と戦ってきましたし，なにより食品を腐敗・変敗させて食べることをできなくする「腐敗菌」の存在も人類を大いに悩ませてきました。本章では，これまで人類がどのようにして腐敗菌等の微生物から食品を守ってきたのか，そのための殺菌技術や静菌技術，そしてそれらの仕組みについて学びます。
《キーワード》 腐敗・変敗，微生物の混入，生育に適した環境，殺菌，滅菌，静菌，除菌

1. 腐敗の原因

多くの場合，食品はそのままの状態で放置をしておくと腐敗します。特に生モノと言われるような食品は顕著です。一方でなかなか腐敗のしない食品もありますし，少しの加工を施すことで，かなり長い期間保管しても安全に食べることができるものもあります。乾パン（ビスケット），梅干，乾麺，レトルト食品，缶詰等は，（味の保証はありませんが）数年程度は安全に食することができます。どうして微生物は食品を腐敗・変敗させるのか，また腐敗や変敗を引き起こす微生物はどこからやってくるのでしょうか。第2章で学んだ「自然界の微生物」において，

微生物は自然界のいたるところに存在することを学びました。極限環境といった通常人類の住むことのできないような環境だけではなく，我々の普段生活している環境の中でもいたるところに微生物は存在します。空気中，手等の皮膚，机の上，土の中，スマートフォンやPCのキーボード等にも存在しています。これらの微生物がたまたま食品に付着し，さらにその食品を栄養として摂取でき，かつ生育に好ましい環境が整ったとき，ほとんどの場合で腐敗が起こります。すなわち「微生物の混入」と「生育に適した環境」という2つのイベントが重なると食品の腐敗・変敗が生じることとなります。

2．腐敗や変敗を防ぐには

　食品の腐敗・変敗は，「微生物の混入」と「生育に適した環境」が重なることで生じることを説明しました。ここから腐敗・変敗を防ぐ以下のポイントを導くことができます。

　　・混入した微生物を殺滅する
　　・微生物の混入を防ぐ
　　・生育に適さない環境にする
　　・その他

　これらのポイントについて順番に説明をしていきます。

3．殺菌，消毒，滅菌，静菌，除菌，抗菌

　腐敗・変敗を防ぐポイントの前に，本章において関連が深く，かつ類似した用語について表3-1にまとめました。似たような言葉が並んでいますが，以降の説明で重要な概念となってくるため正しく理解して使

表3-1　微生物制御において用いられる用語と意味

用語	定　義
殺菌	文字通り，生きている微生物を殺すこと。対象や程度は保証されない。
滅菌	殺菌等により，ある対象物において生きている微生物が完全に存在しない状態にすること。
消毒	対象物に存在している病原性のある微生物を，その対象物を使用しても害のない程度まで減らすこと。
静菌	菌を殺さないがその増殖を止めること。対象や程度を含まない。
除菌	対象物から微生物を除いて減らすこと。対象や程度を含まない。
抗菌	微生物の増殖を阻止すること。繁殖を阻止する対象や程度を含まない。

い分けられるようにしてください。

4. 微生物を殺滅する

　微生物を殺滅することを殺菌と言いますが，殺菌は食品の分野に限りません。医療・農業・建築・工業等でそれぞれの状況に応じた適切な微生物の殺滅方法というものが存在します。本章では食品分野に焦点を絞り，特に重要なものをピックアップして解説します。腐敗菌等の微生物の混入を多少許しても，最終的に食品中の微生物を殺滅することで微生物を不活性化し，腐敗や変敗を防ぐことができます。

（1）熱処理

　微生物を殺滅する最も一般的な方法として熱処理が挙げられます。食品を熱処理することによって殺菌が可能となります。ただし，一部の細菌が作る芽胞は極めて耐熱性が高く100℃で煮沸しても死なないため，滅菌する際にはより高い温度を用いる必要があります。熱処理は処理温度の違いによって以下のように区別されます。

低温殺菌（パスチャライゼーション）

　42，60，80℃といった100℃以下の温度でやや長時間（30分～数時間）かけて加熱処理を行います。後述する高温殺菌のひとつであるオートクレーブ等の滅菌処理で変質してしまう食品や牛乳等の殺菌に用います。

高温殺菌

　蒸気を利用することで100℃以上の湿熱環境を作り出し加熱します。この方法であれば耐熱性の芽胞を死滅させることができます。

超高温殺菌

　高温殺菌の中でも，120℃以上の湿熱で加熱したときは超高温殺菌と呼びます。缶詰の殺菌，LL（ロングライフ；長期保存可能）牛乳の殺菌等に用いられます。

（2）その他の殺菌方法

　微生物を殺滅する方法としては，熱処理以外にも電磁波や紫外線を用いる方法，高圧を用いる方法，特殊ガスや殺菌剤等を使用する方法等，非常に多岐に渡ります。これらの殺菌方法は食品への適用を考慮した場合，安全面やコスト面，品質維持といった面において，殺菌作用は穏やかにならざるを得ない場合がほとんどです。これらの方法を詳しく知りたければ章末の文献を参照してください。

5. 微生物の混入を防ぐ

　微生物の混入を防ぐ方法としては，フィルターによる濾過が用いられます。フィルターにある孔のサイズよりも大きな微生物はフィルターを通過できないために物理的に除去されます。細菌用のフィルターや中空

44

ボツリヌス菌

Clostridium botulinum

食中毒を引き起こす微生物の中でも有名な細菌のひとつです。ボツリヌスの語源はラテン語の botulus（腸詰め，ソーセージ）であり，19世紀のヨーロッパでソーセージやハムを食べた人の間に起こる食中毒であったためこの名称がついたとされています。ボツリヌス菌が産生するボツリヌス毒素の致死量は成人（体重70kg）に対して0.7-0.9μgと考えられており，1gで約100万人分の致死量に相当します。自然界に存在する毒素としては最強で，この強力な毒性作用から，第二次大戦中は生物兵器としての応用研究もされていましたが，近年ではボツリヌス毒素の持つ強力な筋弛緩作用を利用し，痙性斜頸の治療や，皺伸ばしといった美容整形外科領域でも使用されています。

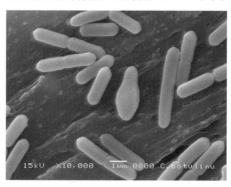

画像提供：内閣府食品安全委員会

糸膜等が使用されます。ただしマイコプラズマ等の小型の不定形細菌や
ウイルス等はフィルターを通過するため除去できないことに注意が必要
です。食品製造工場等では，工場内の空気を HEPA（High Efficiency
Particulate Air）フィルターという特殊な膜を通過させて微生物を除去
して微生物の存在しない空気を作り出し，その中で作業を行う場合があ
ります。他にも液体飲料に混入する微生物を取り除くため，フィルター
濾過を行った後に瓶詰や缶詰を行うこともあります。間接的ではありま
すが，衛生的な作業服を着用したり，手洗いを入念に行ったり，調理に
使用する器具の消毒殺菌を行う等，清潔な環境を作り出すことも微生物
の混入を防ぐ重要な作業です。

　他にも微生物を遮断するという考え方もあります。殺菌あるいは滅菌
処理を施した後，滅菌処理した包装材料中に無菌的に充填する方法も，
微生物から食品を守るひとつの方法といえます。包装材料の密閉性を利
用して物理的に微生物の混入を防ぐ方法であり，瓶詰め，缶詰め等はこ
の方法に相当します。このような食品の表示には「開封後は冷蔵で保存
し，すみやかにご賞味ください」と書かれていることがほとんどだと思
いますが，封を開けることで微生物が食品に混入し，そこで生育が始ま
る恐れがあるからです。包装中に存在する微生物を完全に不活性化でき
ていれば，その包装の封を開けない限り，理論的には永久にその食品の
なかで微生物の生育は起こりません。現在常温で流通している液体食品
のほとんどは，ラミネート紙，プラスチック，ペットボトル，アルミ箔
等で無菌包装されています。

6.　生育に適さない環境にする

　第 2 章では微生物の生育できる環境について学びました。微生物が生
育できる環境因子として，（1）温度，（2）塩，（3）圧力，（4）pH,

（5）酸素，（6）放射線，が挙げられていました。これらの因子が適切に設定されたとき，はじめて微生物は生育することが可能となります。逆にいえば，これらの因子を人為的に調節し，微生物の生育に不適切な状態を作り出すことができれば，微生物は生育することが困難となります。端的に言ってしまえば，生育させたくない微生物にとって，生育しにくい環境を構築すれば，静菌が可能となり，結果的に腐敗・変敗を抑制することが可能となります。

　では，生育させたくない微生物（＝腐敗菌）はどのような特徴を有しているでしょうか？　多くの場合，私たちと同じ環境に存在し，私たちヒトにとって適した環境と同じ環境で生育できる微生物でしょう。そうでなければ食品は腐敗したり変敗したりすることはないからです。

（1）温　度

　一般的にヒトの丁度いい生活温度は20〜25℃ではないかと思います。また体温は通常35〜37℃程度です。私たちが生活していく中で食品が腐敗するとなれば，広く幅をとっても10℃〜40℃の範囲であることが予想されます。であれば，この温度範囲で生育する微生物を抑制したいなら，この範囲から外れた温度で食品を保存すればいいことになります。食品を腐敗から抑制する方法として皆さんもよくご存知なのは，冷蔵庫や冷凍庫で保存する方法です。冷蔵庫は4℃，冷凍庫は-20℃ですから私たちの生活する中で生育できる微生物のほとんどは，この温度帯でまともに生育することはできません。またコンビニやスーパー等にあるホットショーケースに入れられている食品も，温かい状態でお客様に提供するという理由もありますが，高い温度で保存することで，微生物の生育を抑制するといった効果も期待できます。

（2）塩

　梅干といったように特定の食品を塩漬け（塩蔵）することで，日持ちさせることができるというのは聞いたことがある方も多いと思います。塩蔵することで味が良くなるから，という理由もありますが，塩分濃度の高い環境は，浸透圧の作用によって微生物の細胞の中に含まれる水分が細胞外に放出され，多くの微生物は死滅・不活性化することが知られています。

（3）pH

　「酸っぱい，苦い」を決める因子としても pH は大きく関わってきますが，微生物の生育においても重要な因子です。個々の微生物には個々の微生物にとって生育しやすい pH 域が存在します。私たちにとって最適な pH は中性（＝7）ですので，pH を酸性やアルカリ性（塩基性）に変えて微生物を抑制することができます。例えば，日持ち向上剤としてクエン酸がありますが，クエン酸を加えることで食品の pH を低下させ，中性付近を至適とする微生物の生育を抑制します。

（4）酸　素

　酸素についても同様です。酸素を利用する微生物（好気性微生物）の生育を抑制したいなら，真空パック詰めにするなどして酸素を除いてやればいいのです。ただし酸素を利用せずとも生育できる嫌気性微生物には効果がないので注意が必要です。

（5）水分活性

　水分活性は微生物の生育を抑制する上で非常に重要な考え方ですので，少し詳しく説明したいと思います。生魚や生肉は常温で放置してお

けば丸一日で腐敗してしまいますが，保存期間を延長する目的で，乾燥させて干物にすることがあります。乾燥させた食品は，水分を多く含む生の状態よりも腐りにくいということを経験的に理解できるところだと思います。またジャムのように大量の砂糖を加えた食品も腐りにくいという話も聞いたことがないでしょうか。これらにはきちんとした理由があり，食品中に含まれる微生物の利用できる水分（自由水）が関係しています。食品中に含まれる水は，その状態から「水和水」，「結晶水」，「結合水」，そして「自由水」という形で分類することができます。水和水は，食品中の糖質やタンパク質と強固に水和しており，自由に蒸発することができません。結晶水は，食品中の分子とは結合せずに結晶として含まれる水分子のことであり，これも自由に蒸発できません。結合水は，食品成分と水素結合により結合した状態の水分であり，水和水や結晶水と同様に蒸発することができません。一方で自由水というのは，自由に蒸発し，水蒸気圧を示すことのできる水分を表します。微生物が利用できるのは，水蒸気となり自由に蒸発できる自由水のみです。食品に含まれる自由水の含有量は水分活性 Aw（Active Water）で表すことができます。式で表すと以下のように示すことができます［式3-1］。

$$Aw = \frac{P}{P_0} \qquad \cdots\cdots ［式3-1］$$

Aw：水分活性　　P：物質の水蒸気圧　　P_0：水の飽和水蒸気圧

　つまり物質の水蒸気圧とその温度における飽和水蒸気の比で表されます。さらにこの式は対象とする物質が水溶液だった場合，［式3-2］のように表すことができます。

$$A\mathrm{w} = \frac{n_2}{n_1 + n_2} \qquad \cdots\cdots [\text{式}3\text{-}2]$$

$A\mathrm{w}$：水分活性　　n_1：溶質のモル数　　n_2：水のモル数

　つまり，ジャム（n_1に相当します）等の高濃度の砂糖を含む溶液は，分母にある n_1 の数値が大きくなるため $A\mathrm{w}$ の数値を小さくし，水分活性が低くなることがわかります。種類にもよりますが，一般に細菌が増殖するのに必要な水分活性は0.86以上であり，酵母は細菌よりも少し低い値でも増殖が可能です。特に味噌や醤油の製造に利用される耐塩性酵母はおよそ0.61まで下がっても増殖が可能です。カビの場合は酵母よりも若干低めの水分活性で増殖します。カビの中でも乾燥に強い種のものは0.65でも生育可能なものが存在しています。一般的な食品の水分活性として例を挙げると，生鮮果実は0.98〜0.99，ソーセージが0.9，ジャムは0.75，小麦粉は0.61，ビスケットが0.33，板チョコレートが0.32程度の水分活性を有しています。これらの値から，腐りやすいものほど水分活性が高く，腐敗しにくいものほど水分活性が低いことが見てとれます。

（6）その他

　微生物が混入し，生育に適した環境が整うと，微生物は食品中で増殖し，腐敗・変敗を引き起こします。しかし納豆やキムチといった発酵食品も同様に，微生物が混入し，食品中で生育しています。納豆には納豆菌が，キムチには酵母・乳酸菌が作用することで味が良くなり，保存性も向上します。これらの微生物は人体に入っても基本的に無害であることが知られています。発酵食品を作る際は，発酵に作用する微生物を予め添加しておき，生育に適した環境に置いておきます。こうすることで発酵に関わる微生物が増殖し，生育してほしくない微生物は相対的に駆

逐されていきますので，結果的に望まない微生物の生育を抑制すること
ができます。そういう意味では発酵も，腐敗を引き起こす微生物から食
品を守る方法と言えるでしょう。

腐敗と発酵について

本文中では，微生物が食品中に混入し，生育に適した環境であるなら
「ほとんどの場合で」腐敗が起こると記載しました。「ほとんどの場合」
などと意味深な書き方をしたのには理由があります。もし同じように
微生物が混入して食品中で生育したとき，その作用によってむしろ好
ましい状況（味がよくなる，有用成分が増える等）が起きた場合は，
腐敗とは言わず「発酵」と呼ばれます。同じ微生物の作用によっても，
ヒトに有用なものができれば「発酵」と呼ばれ，好ましくない作用が
生じれば「腐敗」と呼ばれるのです。「発酵」と「腐敗」は紙一重で
あり，人間側の都合によって区別されるのです。「腐敗菌」とか「有
用微生物」という区分けも同様です。微生物からしてみれば堪ったも
んじゃないと思われそうですが…

課題研究

1. 本文中で保存性の高い食品の例として，乾パン（ビスケット），梅干，乾麺，レトルト食品，缶詰を取り上げました。これらの食品はどうして保存性が高いのか，どういった加工が施され保存性を高めているのかを講義の内容をヒントに考察して下さい。

2. 多くの微生物は食品の腐敗・変敗に関与しますが，特に問題なのは食中毒を引き起こす微生物です。これらが混入すると，食品の品質を悪化させるだけでなく，場合によっては食べた人の命を奪うことになりかねません。「今日の微生物」でボツリヌス菌を紹介しましたが，他にもどのような微生物が食中毒を引き起こす微生物として知られているか，どのような食品に混在しやすいのか，食中毒を起こした場合どのような症状が表れるかをインターネットや文献等で調べて下さい。

参考文献

□土戸哲明，高麗寛紀，松岡英明，小泉淳一『微生物制御　科学と工学』講談社（2004年）
□高麗寛紀『図解入門　よくわかる最新抗菌と殺菌の基本と仕組み』秀和システム（2012年）
□高野光男，横山理雄『食品の殺菌―その科学と技術―』幸書房（1998年）

4 | 微生物を利用した伝統的発酵食品

岩橋　均

《目標&ポイント》　中央アジアの遊牧民が家畜の乳をしぼり，放置したところ，酸味をもつ液体になっていました。最初の発酵食品といわれています。ワインやヨーグルトのように，多くの発酵食品はある一定の条件に，食材を温めることで生産されます。微生物が食材に働きかけ，別の食材を我々に提供してくれます。このとき，微生物はどのような働きをしているのかを学びます。
《キーワード》　伝統食品，発酵食品，乳酸菌，酵母

1. 発酵とは

　発酵とは，狭義には微生物が酸素のない嫌気条件下でエネルギーを得るために糖等を分解して，アルコール，有機酸，二酸化炭素などを生成することをいいます。酸素のある条件でエネルギーを得る方法を呼吸と呼ぶのに対比して使われています。しかし，我々の日常生活では，微生物を用いて食材を変化させることを発酵と呼んでいます。醸造と呼ばれることもあります。発酵や醸造による食材の変化は様々です。日持ち，独特の風味，栄養価の変化等，特有の変化を食材にもたらします。世界各地には，地域の食材に対して，また，その地域の気候に応じて，独特の発酵食品が古くから作られています。単に食品としてだけではなく，時には宗教行事などとも関係し，各地域の文化として根付いています。

2. 世界の伝統的発酵食品

　世界の有名な伝統的発酵食品を表4-1に示しました。チーズ，ヨーグルト，ワイン等は微生物が関与していることは広く知られています。一方で，世界にはあまり知られていない発酵食品が多くあります。表4-1に示したのは一部にすぎません。

（1）チーズ

　チーズの製造法を図4-1に示しました。先ず，原料乳を熱で殺菌し，これに乳酸菌等の微生物が含まれるスターターを添加し発酵させます。乳酸菌は原料乳の中で増殖し，乳酸等の酸を出し原料乳のpHを低下させます。これに塩化カルシウムとレンネットと呼ばれる酵素を添加して，原乳中のタンパク質を分解変成させ凝固させます。変成したタンパク質

表4-1　世界の発酵食品

品名	原産国	原料	発酵微生物
チーズ	不明	乳	乳酸菌
ヨーグルト	中央アジア	乳	乳酸菌
パン	中東	麦	酵母
ワイン	トルコ等世界各地	ブドウ	酵母
アンチョビー	ヨーロッパ	イワシ類	乳酸菌
メンマ	中国	タケノコ	乳酸菌
テンペ	インドネシア	大豆	クモノスカビ類
ザウアークラウト	ドイツ	キャベツ	乳酸菌
サラミソーセージ	イタリア	豚肉	乳酸菌等
ホンオ・フェ	韓国	エイ	嫌気性細菌
シュールストレミング	スウェーデン	ニシン	乳酸菌類
キビヤック	カナダ	ツバメ	乳酸菌等

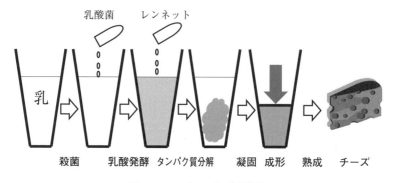

乳酸菌　レンネット

乳

殺菌　　乳酸発酵　タンパク質分解　凝固　成形　熟成　チーズ

図4-1　チーズの製造法

からなる塊をカード，残った水分の多い部分をホエーと呼びます。伝統的に，レンネットは仔牛の第四胃から抽出される消化酵素を利用しますが，近年では，ケカビ類（*Mucor pusillus*）から代用レンネットを作る方法が開発され，利用されることもあります。カードは集められて食塩を添加して成形します。これでチーズの完成ですが，風味に乏しいため数ヶ月かけて熟成されます。熟成中にもタンパク質の分解やカビ類などの繁殖により独特の風味が育っていきます。スターター，レンネット，食塩の添加法，成型法，熟成法などは，地域によって様々ですが，数種類のタイプに分けて分類されることがあります。フレッシュチーズは，モッツァレラチーズに代表される，熟成させないタイプのチーズです。白カビで熟成させるカマンベールチーズや青カビで熟成されるブルーチーズは良く店頭で見かけます。塩水や地酒で洗いながら熟成させるウォッシュタイプ，成形時の圧搾や加熱により堅くした，セミハードまたはハードタイプのチーズでは，ゴーダチーズは有名です。日本では，加熱，溶解などにより殺菌し日持ちを良くしたプロセスチーズがよく知られています。近年では多種類のチーズが店頭に並んでおり，レストランでは

自慢のチーズを提供してくれるところもあります。微生物の役割を考え
ながら楽しんでほしいものです。

（2）ヨーグルト

　ヨーグルトはチーズ作成時の最初の発酵過程を終えたものと考えるこ
とができます。原料乳や脱脂乳に乳酸菌スターターを加えて，40℃前後
で数時間かければ作ることができます。糖類，香料，安定剤などを発酵
の前後に加えることが可能です。乳酸菌スターターには乳酸球菌と乳酸
桿菌を加えたものがよく利用されています。ブルガリアヨーグルトはそ
の例です。乳酸球菌は初期に増殖し，密な組織の形成に貢献し，乳酸桿
菌は酸味を増強させて風味に貢献するといわれています。ヨーグルトは
生乳に比べて日持ちします。これは，乳酸により酸度をあげ（pH を下
げ），他の雑菌の生育を抑えることができるからです。近年乳酸菌と健
康の関係が注目され，日本でも多種類のヨーグルトやヨーグルト飲料が
供給されています。元々は漬け物などの植物食材に生育する乳酸菌をヨ
ーグルトの製造に使うこともあります。胞子を作る乳酸菌は胃酸で殺菌
されることなく腸まで届くとされ，ヨーグルトの製造に利用されていま
す。

（3）パ　ン

　チーズ，ヨーグルトを食するときの主食となるパンも発酵食品に分類
されます。パンは小麦粉にパン酵母（*Saccharomyces cerevisiae*）を加え，
砂糖，食塩，水等と共にドウ（生地）を作り発酵させます。パン酵母は
発酵により炭酸ガスを出し，そのおかげでふっくらとしたパンができあ
がります。パンもれっきとした発酵食品です。

（4）ワイン

　ワインは原料ブドウ果実を破砕するだけで作ることができます。ブドウ果実に発酵性の酵母が付着しているからです。また，酵母はpHの低い環境で生育しますが，ブドウ果汁のpHは低いので，酵母の増殖には適しています。ただし，有害な酵母が付着していることや有害な細菌が混入することもあります。そのため，優良な酵母をあらかじめ用意しておき添加することが今では普通になっています。また細菌の汚染を防ぐために亜硫酸が添加されています。赤ワインは果汁の破砕時に果皮をそのまま仕込んだもので，白ワインは果皮を除いて果汁だけで発酵します。ワインの製法は日本酒などと比べて単純であるため，風味や味は，ブドウ果実に依存します。ブドウ果汁の出来はその年の天候に左右されるため，ワインではその作成年が，記述されています。「何年もの」等といわれて，価格に反映されます。

（5）醸造酒，蒸留酒，混成酒

　我々が飲む酒類は発酵食品の代表です（表4-2）。ワイン，ビール，日本酒は醸造酒に分類されるのに対して，ブランデー，ウイスキー，焼酎は蒸留酒に，梅酒，ポートワイン，シェリー酒の一部は混成酒に分類されます。醸造酒はワインのように酵母で発酵させて蒸留しないお酒のことを指します。一般的に，アルコールの濃度は低く20%程度までです。これは酵母の発酵限界濃度があるためです。酵母はアルコールを造りますが，自ら造ったアルコールで生育できなくなります。酵母を使って二日酔いの研究をしている科学者もいるほどです。

　蒸留をすることで，アルコール濃度を上げることが可能になります。水に比べてアルコールの方が沸点が低いからです。これらを蒸留酒と呼びます。醸造酒に含まれる糖分やアミノ酸は蒸留されないので，醸造酒

表 4 - 2　お酒の種類，醸造酒，蒸留酒，混成酒

お酒の分類		原料
〈醸造酒〉	日本酒	米
	ワイン	ブドウ
	ビール	麦
	シェリー酒	ブドウ
〈蒸留酒〉	焼酎	米，麦，サツマイモ等
	泡盛	インディカ米
	ウイスキー	大麦，ライ麦，トウモロコシ
	ブランデー	果実酒
	ウォッカ	穀類果実など多様
	ジン	大麦，ライ麦，ジャガイモ
	テキーラ	竜舌蘭
	ラム酒	サトウキビ，糖蜜
〈混成酒〉	梅酒	梅，砂糖，焼酎
	ポートワイン	ワイン，ブランデー
	シェリー酒	白ワイン，ブランデー

に比べて風味や味が低下する場合があります。このため，ウイスキーや
ブランデーのように樽に詰めて，風味を熟成してから味わうことがあり
ます。蒸留酒に果実，果汁，砂糖等を加えることで，味を調えると混成
酒に分類されます。梅酒は焼酎に梅と砂糖を混ぜて作られます。通常は
アルコール発酵をしませんので，酒税法違反にはなりません。ポートワ
インは発酵中のワインにブランデーを混ぜて発酵を止めますので，混成
酒になります。シェリー酒は，製造法により醸造酒と混成酒に分けられ
る風変わりなスペインのお酒です。発酵だけで製造する製造法とブラン
デーを加えて発酵を止める製造法があります。前者は醸造酒，後者は混
成酒になります。日本酒，焼酎，泡盛は日本を代表する酒類で，國酒と
も呼ばれています。

（6）風変わりな発酵食品

　世界には，ワインのように日本でも簡単に手に入る発酵食品以外に，地域独特の発酵食品も作られています。ホンオ・フェは，魚のエイを瓶の中で発酵させた韓国の発酵食品，スウェーデンではニシンを缶詰の中で発酵させるシュールストレミング，カナダでは，ツバメをアザラシの腹に詰め土中で発酵させるキビヤック，これら発酵食品はその臭いで有名になりました。これらに共通した発酵法は，酸素のない状態，嫌気状態で微生物を増殖させている点です。狭い意味での発酵を上手く利用した発酵食品です。これらの発酵過程では，多くの微生物が競争して生育し，ヒトに有害な微生物が駆逐されていくと推察できます。第13章では最近になり明らかになってきた，これら微生物の競争に焦点を当てます。

3. 日本の発酵食品

　日本にも風土や食材に応じた発酵食品が親しまれています。表4-3にいくつかの伝統食品を，発酵食品と発酵食品では無いものに分類しました。納豆，味噌，醤油は大豆を原料とした発酵食品です。漬け物，醸造酢，鰹節，等も微生物を利用して作られています。一方，梅干し，豆腐，江戸前寿司は発酵食品には分類されません。これらは伝統食品ですが微生物が関与する工程が含まれないからです。

（1）納　豆

　納豆は，大豆を煮て稲藁で包み保温するだけで製造されていました。大豆を発酵しているのは枯草菌（納豆菌，*Bacillus subtilis*）で，稲藁などに多く付着しているからです。ただし，稲藁には枯草菌以外にも多くの微生物が付着しています。これら雑菌が増えると，納豆の風味を損

表 4 - 3　日本の伝統食品

伝統食品	原料	発酵食品	微生物
納豆	大豆	○	枯草菌（納豆菌）
味噌	大豆他	○	麹菌，酵母，乳酸菌
醤油	大豆他	○	麹菌，酵母，乳酸菌
豆腐	大豆	×	
江戸前寿司	魚・米	×	
なれ鮨	魚・米	○	乳酸菌
漬け物	野菜他	△	乳酸菌他
梅干し	梅	×	
食酢	米他	○	酢酸菌
鰹節	鰹	△	カビ類

ないます。現在では，純粋な枯草菌を大豆に添加して，納豆を製造しています。納豆は，大豆に比べると，ビタミン類が豊富であり，体内での消化と吸収が速いという利点があります。これは枯草菌が大豆タンパク質を分解しながら成長し，生長に必要なビタミン類を生産するためです。古くから日本人の栄養を支えてきた食品と考えることができます。

（2）漬け物

　漬け物の中には発酵食品に含まれるものがあります。糠漬けはその代表です。糠床に野菜を漬けることで，野菜の風味や栄養価を変化させることが可能になります。糠床は米糠を発酵して作られています。米糠には多くの栄養分が含まれ，微生物が生育するにはとても良い環境を提供してくれます。また，それら栄養分と発酵によって加えられたビタミン類等の栄養分が野菜に浸み込み野菜の栄養価を高めてくれます。米糠，食塩，水を加えて発酵させ，糠床にします。ここでも乳酸菌が活躍しています。糠床をかき混ぜる作業は乳酸菌に酸素を送り込むために行われ

ているものです。

（3） 鰹　節

　鰹節が発酵食品であることは意外に知られていないかもしれません
が，製法によっては発酵食品に含まれるものがあります。鰹の肉を煮沸，
乾燥後に，カビ付けという工程が入ると発酵食品です。カビは，鰹の脂
肪分やタンパク質を分解し，鰹の味を調え，生長しながら鰹の内部に侵
入していきます。これは，鰹の内部にある水分を利用するためです。微
生物の生育には水分が必要なためです。カビによって水分が消費されま
す。カビ付けの工程を4度繰り返して，鰹節が完成します。鰹の内部に
ある水分を少しずつ消費して，鰹節はその堅さを増していくことができ
ます。

（4） なれ鮨

　江戸前寿司は発酵食品ではありませんが，なれ鮨は発酵食品です。本
来は魚の保存を目的とした発酵食品であったと考えられています。魚や
肉は微生物にとっても，とても良い栄養源なので，雑菌汚染が危惧され
ます。このことは，生魚を食べる習慣が日本を中心とする東アジアに限
定されていることからも容易に理解できます。この雑菌汚染が危惧され
る魚を乳酸菌等の微生物で発酵させ，乳酸や有機酸を蓄積し，pH を低
下させ，雑菌汚染の危険性を低下させます。これにより，魚を長期間保
存させることを可能にしています。北海道で，食されるニシン漬けも，
なれ鮨に分類されることがあります。なれ鮨には危険性もあります。ご
くまれですが，ボツリヌス菌（*Clostridium botulinum*）が汚染するこ
とがあります。ボツリヌス菌は酸素がないところで，生育する微生物で，
ボツリヌス毒という猛烈に強い神経毒を生産します。なれ鮨は，素人が

乳酸菌

Lactobacillus plantarum，*Enterococcus faecalis*，*Lactococcus lactis* 等

乳酸菌とは多糖などの高分子を分解して乳酸などを主生産物とするバクテリアの総称です。このため，乳酸菌は，多の属や種に分類され，分類学的な菌名とは意味が異なります。発酵食品を発酵している多くの微生物がこの仲間に含まれます。*L. plantarum* は漬物などの発酵を担っており，植物性乳酸菌と呼ばれることがあります。*E. faecalis* は人から分離された乳酸菌であり，整腸作用や免疫調整作用があるとされています。*L. lactis* はチーズやヨーグルトの製造に使われています。

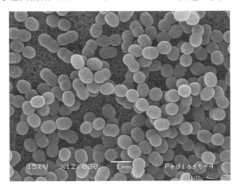

Lactococcus lactis

画像提供：独立行政法人製品評価技術基盤機構バイオ
テクノロジーセンター

作れる発酵食品ではありません。長年かけてそのノウハウを蓄積してき
たと考えられます。逆に，考えると，日本を始め，なれ鮨を食する文化
圏の人々は，魚を食べざるを得なかったのだと思われます。

（5）後発酵茶

　発酵茶というとウーロン茶や紅茶を思い浮かべる方がいると思いま
す。ウーロン茶や紅茶の発酵は，酵素反応によるもので，微生物の作用
を介さないため，厳密には発酵ではありません。茶は発酵度合いの違い
によって，一般には不発酵茶，半発酵茶，発酵茶，後発酵茶の大きく4
種に分類することができます。緑茶は不発酵茶，ウーロン茶は半発酵茶，
紅茶は発酵茶に分類されます。後発酵茶は，微生物の働きによって発
酵・熟成が行われる本当の意味での発酵茶です。酸味が有り特有の風味
があります。海外では中国のプーアール茶が有名です。日本でも古くか
ら全国で，発酵茶は生産されてきたと考えられますが，現在では，一部
の地域で細々と生産されているに過ぎません。徳島県では阿波晩茶，高
知県では碁石茶，愛媛県では石鎚黒茶，富山県ではバタバタ茶が未だ残
っています。これらは乳酸菌による発酵が中心ですが，石鎚黒茶はカビ
類による発酵も関係しています。発酵をつかさどる微生物については，
13章でも紹介します。

4．まとめ

　伝統的な発酵食品を紹介しました。微生物は食材を分解して，消化を
良くすると共に食材の栄養価を高めます。さらに，分解によって生産す
る有機酸が食材のpHを下げ，雑菌から食品を護ってくれます。伝統発
酵食品のしくみを理解することで，微生物を利用する方法と微生物から
食品を護る方法を理解してもらえたでしょうか。特に，乳酸菌は食品の

pHを下げることで有害な微生物の増殖を抑えてくれます。乳酸菌は伝統的発酵食品の基盤を成す微生物です。塩分を加えることで有害微生物を制御する知恵も開発されています。もちろん，低いpHや高い塩濃度でも生育する微生物はたくさんいます。しかし，これらは重篤な疾患を引き起こす微生物ではありませんでした。人類はそのことを経験的に学び伝統的発酵食品を引き継いできたと考えられます。さらに，発酵することで，食材の栄養価が変わることも見逃せません。消化が良くなり，微生物の生産するビタミン類が豊富になります。発酵食品を食する民族が，より健康で長生きし，他民族を圧倒したというのは，思い込みではないと考えています。

課題研究

スーパー等の食品売り場に足を運んでみてください。そこで発酵食品を捜してみましょう。見つかったら，どのように陳列されているかを観察してください。室温，冷蔵，冷凍の何処にあるでしょうか。また，製造月日と賞味期限をみて，その原料の賞味期限と比べてみてください。

参考文献

□山田浩一編『微生物利用学概論』地球社（1974年）
□小泉武夫『発酵』中公新書（1989年）
□佐々木酉二『わが心の微生物』東京パストゥール会（1993年）
□小泉武夫『くさいはうまい』文春文庫（2006年）
□相田浩，高橋甫，上田清基，栃倉辰六郎，上田誠之助『新版応用微生物学Ⅱ』朝倉書店（1981年）

5 | 微生物を用いた匠の時代

岩橋　均

《目標＆ポイント》　味噌，醤油，日本酒，醸造酢は，単に食材を温めるだけ
で生産することはできません。麹と呼ばれる微生物の作用を利用して，でん
粉やタンパク質などを分解し，さらに，酵母や乳酸菌で発酵させて完成する
ことが可能になります。人類は単純な発酵から，複雑な発酵技術を開発しま
した。これには，ある食材を微生物から守り，目的の微生物だけを生育させ
るという，高度な技を必要としていました。複数の微生物を組み合わせて，
食材を発酵食品に変化させる匠の技を学びます。

《キーワード》　味噌，醤油，日本酒，麹，複発酵

1. 麹と匠の技

　ワインの醸造では，原料であるブドウ果汁の中にブドウ糖が既に含ま
れているため，一度，酵母を加えるだけでアルコールが生産されワイン
となります。ヨーグルトでは，乳酸菌が乳酸などの酸を分泌するため，
原乳の pH が低下し，雑菌汚染を防ぎながら製造することが可能です。
ビールの製法は図5-1に示すように，でん粉の糖化工程とアルコール
発酵工程，と複数の工程を経て製造されるため，比較的複雑です。しか
し，微生物の管理という点では，途中で煮沸という工程が入るため，微
生物汚染を防ぐことが容易です。これに対して，味噌，醤油，日本酒，
醸造酢は，単に微生物を加えて保温するだけでは，醸造が上手く進みま
せん。日本酒の原料となる米は，主成分が多糖類であるでん粉です。そ
のままでは酵母はアルコールを造ることはできません。麹のはたらきに

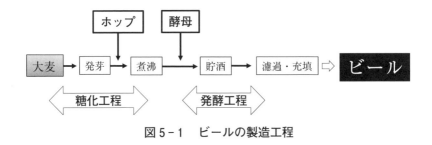

図5-1 ビールの製造工程

よってでん粉をブドウ糖へと分解し，酵母がアルコールを生産できる条件にする必要があります。麹は，食材に含まれるでん粉類やタンパク質を分解するために利用されるカビ類を中心とした微生物の塊です。味噌，醤油，日本酒は，それぞれに使われる麹の性質が異なります。味噌では，地域や味噌の利用目的に合わせて異なる麹が利用されています。アジア地域では，多くの食品に麹が使われています。アジア地域が中高温湿潤地帯という気候上の特性から可能であった醸造法だといわれています。一方で，高温多湿は微生物の繁殖に適しているため，雑菌汚染の危険性が非常に高い条件になります。雑菌汚染を防ぐには高度な技術と粘り強い醸造の管理が必要で，匠の技が日本酒や醤油などの製造を可能にしています。匠の技を知ると，単に気候条件だけではなく民族や風習を反映した，おいしいものを作るという執念の結果だと思えてきます。

2. 味　噌

　味噌は中国または朝鮮半島を経てもたらされたとされています。古代中国の醤（ひしお）が起源であり，日本で工夫を重ねて，匠の技を編み出してきたと考えられます。味噌は，地域によって独特の製法があり，食べ方も様々です。調味料，おかず，時には金山寺味噌のように漬け物代わりに使われることもあります。味噌の前に土地の名前が付くものが

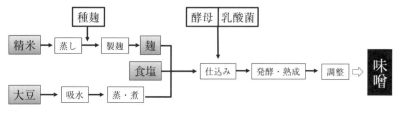

図5-2　味噌の製造工程

多いことからも，地域に根ざした食品であることが伺えます。味噌を分類すると，米味噌，麦味噌，豆味噌（口絵5-1）に分類することができます。これは，麹の作り方で分類したものです。米味噌を例に味噌の製造法（図5-2）を見てみましょう。

　玄米は5から10%程度の精米を行い，給水させた後に，蒸します。その後，種麹を接種します。味噌用の麹菌（*Aspergillus oryzae*）は，タンパク質分解力よりもでん粉分解力の方が強い種類を利用される傾向にあります。摂取後30から40℃で，空気の供給を計りながら，3日程度で麹に発酵させます。これを製麹（せいきく）と呼びます。大豆は給水させた後に，蒸しまたは煮ることで殺菌と同時に微生物の作用を受けやすくします。麹，蒸し大豆，塩は混合され，仕込みが成されます。このとき，酵母や乳酸菌が種付けされることがあります。仕込まれた原料味噌は6ヶ月から1年かけて発酵熟成されます。この間，切り返しという作業で原料味噌を撹拌しながら，微生物の管理を行います。大豆の処理工程は，納豆の製造工程に似ています。このことは，納豆菌の汚染が起こりうることを示しています。また，我々の回りには多くの微生物がいることは既に学びました。これら微生物から味噌を守る必要があります。製麹時の納豆菌をはじめとする雑菌汚染や発酵・熟成時の塩分の管理，酵母や乳酸菌を加えることによるpHの管理等を充分にしなければ，味噌ではなく納豆

になってしまいます。塩分や，低い pH は，納豆菌などの汚染を防ぐことができますが，両因子は味に大きく影響します。単に塩辛く酸っぱい味噌を製造するわけにはいきません。微生物によるタンパク質の分解はうまみ成分であるアミノ酸の蓄積につながり塩辛さや酸っぱさを隠してくれます。また，発酵微生物が蓄積するビタミン類は栄養価につながります。麹菌，酵母，乳酸菌が匠に管理され，匠の技として受け継がれています。発酵・熟成した原料味噌は調製後，味噌として出荷されます。

3. 醤　油

　醤油も，地域や醸造方法により，様々な種類があります。日本農林規格（JAS）によると，こいくち，うすくち，たまり，さいしこみ，しろの 5 種類（口絵 6 - 2）に分類されています。「こいくちしょうゆ」は全国における醤油の 8 割以上を占める，最も一般的な醤油です。味覚の基本を成す塩味，旨味，甘味，酸味，苦味の五味を合わせ持った調味料です。万能調味料といえます。「うすくちしょうゆ」は関西で生まれた色の淡い醤油です。食塩の量が多めに作られ，発酵と熟成に時間をかけて作られています。素材の風味を生かすために，色や香りを抑えた醤油といえますが，塩分が多い点には注意が必要です。「たまりしょうゆ」は中部地方で作られる醤油で，とろみと濃厚な旨味，独特な香りが特徴になります。寿司，刺身用の醤油として利用されています。また，加熱することできれいな赤味が出るため，佃煮，せんべいなどにも利用されています。「さいしこみしょうゆ」は，九州地方の特産醤油です。仕込みの際に醤油そのものを利用するので，このような名前が付けられています。旨味と甘味に特徴があります。「しろしょうゆ」は愛知県を特産とします。「うすくちしょうゆ」よりもさらに淡泊に作られており，吸い物や，茶わん蒸しなどの料理に使われます。

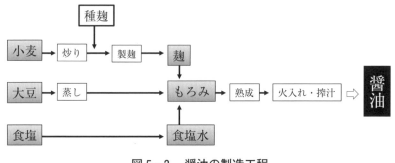

図5-3　醤油の製造工程

　醤油の製法は基本的には味噌と同じですが，仕込みの際には食塩を加えるのではなく，食塩水を加えるところが違います。図5-3には，小麦麹を使った濃い口醤油の作成法を記しました。味噌の作り方によく似ていることがわかると思います。麹の種菌となる麹菌は主として *Aspergillus sojae* が用いられますが，*A. oryzae* が用いられることもあります。醤油では，仕込みの終えたものはもろ味と呼ばれています。もろ味の熟成期間は様々であり，地域によっても異なりますが，1ヶ月から1年程度かけて熟成されます。熟成期間中，もろみの中にいる微生物は均一ではありません。少しずつ活躍する微生物が変わっていきます。熟成期間中は撹拌することによって空気を通し，微生物の活躍を助けます。また，醤油もろみには18%程度の食塩が含まれているため，生育できる微生物は限られます。熟成の初期の頃には耐塩性の乳酸菌（*Tetragenococcus halophilus*（旧名 *Pediococcus soyae*），*Staphylococcus condiment*（旧名 *Tetracoccus soyae*））が先ず旺盛な生育をします。乳酸菌は乳酸を作り，もろみの pH を低下させ，特有の香味を形成します。pH の低下に伴って酵母（*Zygosaccharomyces rouxii*）の生育が旺盛になってきます。この酵母は耐塩性の酵母で，醤油の中でも生育すること

ができます。アルコール，有機酸，エステルを，アミノ酸，高級アルコールに変換します。これらは醤油の香味に重要な役割を果たします。しだいに *Zygosaccharomyces rouxii* は消失し，代わりの耐塩性酵母（*Candida versatilis*）が生育してきます。この酵母は後熟に関与するといわれており，微妙な香味の調製に貢献しています。熟成されて，もろみは搾汁された後に火入れという工程を経て，醤油として出荷されます。火入れにより微生物は殺菌され，油臭の除去，風味・色調の増進，熱で変成する物質の除去が成されますが，最も大事な点の一つは，微生物が生産した酵素を失活させることにあります。これにより，醤油の保存時に味が変化しにくくなります。

　もろみの中で変遷する微生物ですが，種菌を使って制御することも可能です。これにより熟成時間を短くすることが可能になります。一方で，種菌を植えない方法も守られています。香川県小豆島にある醤油製造所では，醤油蔵に生息している微生物を利用して，今でも醸造を行っています。醤油製造中に広がった微生物が蔵に住み着き，それが少しずつ落下することで微生物を供給します。もろみを入れる桶にも微生物が住み着いており，そこからも供給されると考えられています。蔵を守ること，桶を守ることにより匠の技と匠の環境が維持されてきました。いずれにしても，醤油造りには多くの微生物が順番に生育して醤油を作成していくというとても複雑な工程が必要です。

4.　日本酒

　日本酒は醤油や味噌に比べると，地域間で，製造方法に大きな違いはありません。また，味や特徴も，味噌醤油に比べると，大きな違いがありません。しかし，日本酒の微妙な味の違いが日本酒の持ち味といえます。人によりその繊細な味を楽しむ事は，日本の伝統文化ともいえます。

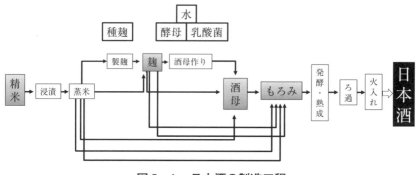

図5-4　日本酒の製造工程

　現在では，海外への普及も始まっています。味が均一であるにもかかわらず，その製造工程はとても複雑です。最も複雑な工程を経る発酵食品といえます。微生物を巧みに利用しています。この技術が後章で紹介する日本の微生物産業の発展に貢献したと思われます。

　日本酒の製法を図5-4に示しました。日本酒の原料は米と水です。それに麹，酵母，乳酸菌が加わり日本酒が造られていきます。日本酒の製造には水が大事だといわれますが，これは原料の80％が水であることに加えて，水に含まれる塩分が，発酵で活躍する微生物の生育に大きな影響を与えるからです。米は精米から始まります。精米では米を少しずつはがしていき，米の外側を除きます。目的は米の外側に含まれる脂肪，灰分，タンパク質などを除くためです。米の主成分でありアルコールの原料となるでん粉の純度を上げることが目的です。重量で60％まで削った米を使った日本酒を本醸造，50〜60％では吟醸，50以上削った大吟醸と区別されています。また，アルコールの添加，無添加で，大吟醸，純米大吟醸と区別することもあります。

　精米は浸漬され水分を充分含んだ後に蒸されます（図5-4）。これに種麹（*Aspergillus oryzae*）を散布し，製麹され，麹となりますが，製

麹の作業も複雑です。麹菌を，均一に生育させなければならないからで
す。床もみと呼ばれる，蒸米を床の上に広げ麹菌の胞子を振りかけてよ
く混ぜる作業，切り返しと呼ばれる，麹菌に酸素を与え，蒸米の温度や
水分量を均一にする作業，盛りと呼ばれる，麹菌の増殖により上がりす
ぎた温度を下げる作業，仲仕事と呼ばれる，温度上昇を抑えるための撹
拌と薄く広げる作業，仕舞仕事と呼ばれる，撹拌により温度を下げて，
畝を作って，余分な水分を蒸発させる作業，これらを経て，出麹されま
す。

　麹に水，酵母（*S. cerevisiae*），乳酸菌を加えて酒母を作ります。酒母
は醸造をより安全に進めるために開発された方法です。酒母を作ること
で大量の酵母を先ず生育させ，その後の発酵過程における雑菌汚染を防
ぐことが可能になります。酒母には再度麹と蒸米が加えられ，もろみと
なります。もろみは発酵熟成されますが，途中で，麹と蒸米が，2度加
えられます。酒母に対して合計3度麹と蒸米が加えられていきますので，
これを三段仕込みと呼んでいます。ビール（図5-1）では，でん粉を
分解して麦芽糖などを作り，酵母がその麦芽糖などからアルコールを造
っています。糖化とアルコールの生産が別々の工程で行われるため，単
行複発酵と呼ばれるのに対して，もろみでは，糖化とアルコールの生産
が同時に行われるため，並行複発酵と呼ばれています。日本酒の醸造で
は糖の供給と消費が少しずつ進行するので，20%という高い濃度のアル
コールを生産することが可能になります。ビールで5％程度，ワインで
12%程度ですので，醸造酒の中で日本酒が最も高いアルコール濃度であ
るといえます。

5.　醸造酢

　醸造酢は，欧米ではビネガーとも呼ばれる酸性の調味料です。pH が

麹 菌

Aspergillus oryzae

日本を代表する微生物と言っても過言ではありません。匠の時代を支えた微生物です。真核微生物であり，カビ類になります。*A. oryzae* は，発酵だけではなく，アミラーゼやプロテアーゼなど多くの酵素，さらに，コウジ酸やリンゴ酸など有機酸の生産にも利用されています。*oryzae* はイネの属名 *Oryza* から来ています。米と共に日本の食文化を支えてきました。

画像提供：独立行政法人製品評価技術基盤機構バイオテクノロジーセンター

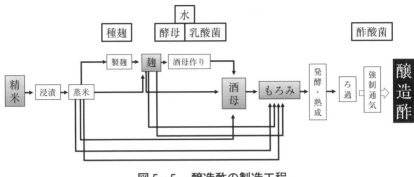

図 5 - 5　**醸造酢の製造工程**

低いことから，食材の保存に，発酵を用いる代わりとして簡単に利用することができます。醸造酢は，一般的には醸造アルコールをさらに酢酸菌（*Acetobacter aceti* 等）で酸化させて作ります。恐らく，アルコール醸造時に発酵のさせすぎや放置していたものが，酸化されて酢酸が作られ，醸造酢の発明につながったものと考えられます。我が国では，日本酒の絞りかすである，酒粕に残されているアルコールを酢酸菌で酸化して食酢を作る方法が江戸時代に，東海地域で開発されました。これが江戸に安い調味料として輸送され，江戸前寿司の発展につながったとされています。江戸前寿司そのものは発酵食品ではありませんが，発酵という過程，食材の高度利用という技術がなければ誕生しなかった食品です。

　現在の醸造酢，特に米酢は米を発酵しアルコールを醸造したのちに米酢に変換されます。日本酒を醸造したのちに醸造酢に変換するという過程を経ているため，フルスペックの発酵食品ということができます。

　醸造酢の製造工程を図 5 - 5 に示しました。日本酒の製造工程とよく似ています。日本酒では最後に火入れという工程が在りますが，醸造酢では火入れの工程がありません。ろ過した日本酒に，酢酸菌を加え，空

気を強制的に通気して，アルコールを酢酸に変換していきます。

6. 遺伝子が証明した匠の技

　麹菌（*A. oryzae, A. sojae*）の近縁種に，アフラトキシンというカビ毒を出す *Aspergillus flavaus* という微生物がいます。米や大豆を分解しながらカビ毒を生産していたら，また，少しでもカビ毒を生産する微生物が麹に含まれていたら，多くの被害が想定されます。しかしこのような被害は報告されていません。現在でも，これら微生物を視覚的に分類・区別することは，専門家にも難しいといわれています。いろいろな条件で生育させて形態の観察や，細胞の成分を調べて比較するなどの検討をしなければ区別がつきません。その上，遺伝子の構造解析が進むと，アフラトキシンを合成するために必要な遺伝子の一部またはほとんどを麹菌がもっていることがわかりました。このことは，麹菌がアフラトキシンを作るための設計図をもっていることを示しています。ところが，日本で保存されているすべての麹菌でアフラトキシンを作らないことが確認されています。なぜ麹菌は，アフラトキシンを作らないのでしょうか。多くの科学者がこの謎に挑戦しました。今では，本当に設計図だけしかもっておらず，その設計図を開くための道具がかけていることがわかっています。近年の科学者でも難しい，麹菌とカビ毒を出す微生物の区別を匠はできていたことがわかりました。そしてその麹菌を代々受け継いでいました。どのように区別していたのかはわかりませんが，匠は現在の最先端の技術でようやく謎が解けた麹菌の性質を守り続けてきました。

7. まとめ

　味噌，醤油，日本酒の製法を学びました。これら発酵食品の主役とな

る，麹，乳酸菌，酵母の役割を理解できたでしょうか。味噌や醤油では塩濃度を上げることで雑菌汚染を防ぎ，そのような条件でも生育してくる乳酸菌や酵母を巧みに利用しています。日本酒では，酒母を作ることで酵母を優先的に生育させ，雑菌汚染を防いでいます。このような匠の技は，長年かけて培われてきた伝統的な微生物学で，現在の応用微生物学に引き継がれています。

課題研究

各地域には，それぞれ独特の，味噌，醤油，日本酒があります。皆さんの地域で活躍する匠を調べてみてください。そして，なぜ皆さんの地域にその独特の匠の技が，育まれたのかを考察してみてください。地域の文化，気候，風土と関係しているはずです。

参考文献

□山田浩一編『微生物利用学概論』地球社（1974年）
□小泉武夫『発酵』中公新書（1989年）
□佐々木酉二『わが心の微生物』東京パストゥール会（1993年）
□小泉武夫『くさいはうまい』文春文庫（2006年）
□相田浩，高橋甫，上田清基，栃倉辰六郎，上田誠之助『新版応用微生物学Ⅱ』朝倉書店（1981年）

6 | 匠から技術へ，微生物工業の夜明け

髙橋淳子

《目標＆ポイント》 フレミングによる抗生物質であるペニシリンの発見は，食品を提供する微生物から，医薬品や工業品を提供してくれる微生物へと進化し，微生物を利用したバイオサイエンスの発展のきっかけとなりました。医薬品を生産するために，微生物の育種技術や微生物を大量に効率よく生育させる発酵技術が開発されたからです。多くの製品が我々の暮らしに供給され始めました。微生物の育種技術や発酵技術を匠の技と比較しながら学びます。
《キーワード》 抗生物質，ペニシリン，微生物工業，発酵工学，育種，培養装置

---

1. 微生物工業の夜明け

　微生物の代謝や反応は，食品加工と製造，化学工業，医療，分析・計測，環境保全，エネルギー資源開発など様々な産業分野で利用されています。微生物の発酵を利用した工業の代表として，アミノ酸，抗生物質，酵素の製造などがあげられます。その中でも抗生物質は微生物工業を大きく進展させました。抗生物質とは「微生物によってつくられる化学物質で，他の微生物の発育または代謝を阻害する物質」です。これは抗生物質であるストレプトマイシンを発見した，アメリカ合衆国の生化学者であり微生物学者のワクスマン（Selman Abraham Waksman）が，1942年にアメリカ細菌学会において，二種類の微生物が同じ場所に存在する際に拮抗する現象として提唱した定義です。

（1）抗生物質の発見

　抗生物質を発見したのはイギリスの細菌学者のフレミング（Alexander Fleming）です。フレミングの実験室はいつも雑然としていて，その事が発見のきっかけになりました。フレミングが1928年に実験室を整理していた時，廃棄する前に培地を観察し，黄色ブドウ球菌が一面に生えた培地にコンタミネーション（実験試料が汚染されていること）しているカビのコロニーに気付きました。コロニーとは，単独では肉眼で見えない微生物が見えるようになるまで増殖した固まりを指します。カビのコロニーの周囲に，透明なハローと呼ばれる阻止円が観察され，細菌の生育が阻止されていることを見つけだしたのです。図6-1はペニシリンという抗生物質を含ませたディスクを培地上に置き，大腸菌を一面に接種して培養したものです。ディスクの周りにはハローが観

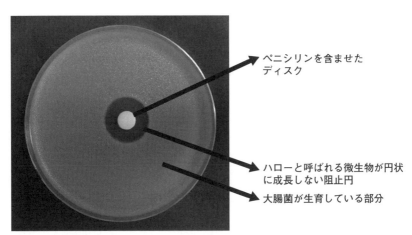

ペニシリンを含ませた
ディスク

ハローと呼ばれる微生物が円状
に成長しない阻止円

大腸菌が生育している部分

培地上に抗生物質であるペニシリンを含ませたディスク（円形の濾
紙）を置き，大腸菌を一面に接種して培養すると，ディスクの周り
にはハローと呼ばれる阻止円が肉眼で観察されます。

図6-1　ペニシリンの発見

察されます。フレミングは，抗菌物質がアオカビ（*Penicillium*）を液
体培地に培養した培養液をろ過したろ液に含まれていることを見いだ
し，アオカビの属名である *Penicillium* にちなんで「ペニシリン」と名
付けました。

　ペニシリンを実用化するためには二つの課題がありました。一つは十
分な量を確保できるようにすること，もう一つはフレミングが発見した
ペニシリンは効き目が現れるのに時間がかかったため，より効果的なも
のに改良することです。これらの課題を克服するには，アオカビの培養
液から活性物質のみを取り出し，ペニシリンを精製する必要がありまし
た。しかしそれは，化学者が得意とする分野の仕事であったため，思う
ようにはかどりませんでした。

（2）ペニシリン

　1938年にイギリスのフローリー（Howard Walter Florey）とチェー
ン（Ernst Boris Chain），ヒートリー（Norman Heatley）の研究チー
ムはカビ由来の生成物質を大規模に探索し，1940年にペニシリンの単離
に成功しました。1種類と思われたペニシリンは，ペニシリンG，ペニ
シリンNなどの混合物でした。翌1941年には実際に臨床で抗菌剤として
の効果を確認しました。当時は第二次世界大戦で創傷治療薬の要求が非
常に大きい時代でした。

　ペニシリンはβ-ラクタム系抗生物質（図6-2）で，バクテリアの
細胞壁の主要成分であるペプチドグリカンを合成する酵素と結合し，そ
の活性を阻害します（図6-3）。この結果，ペニシリンが作用した細菌
はペプチドグリカンを作れなくなり，細胞分裂に伴って細胞壁は薄くな
り，増殖が抑制されます（静菌作用）。また細菌は細胞質の浸透圧が動
物の体液よりも一般に高いため，ペニシリンの作用によって細胞壁が薄

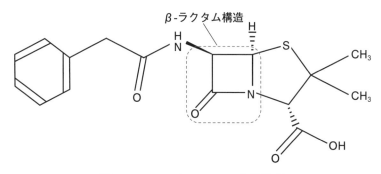

図6-2　ペニシリンGの化学構造

くなり損なわれた細菌細胞は，外液との浸透圧の差から細胞内に外液が
流入し，最終的には溶菌を起こして死滅します（殺菌作用）。ペプチド
グリカンを主要成分とする細胞壁はマイコプラズマを除くバクテリアの
生存に必須な構造ですが，ヒトを含めたユーカリアには存在しません。
このため，ペニシリンは真正を除くバクテリアに対する選択毒性が高く，
ヒトに対する毒性は低いのです。この点においてペニシリンは，すでに
発見され殺菌剤として実用化されていた色素剤やサルファ剤に比べて，
抗菌剤としてはるかに優れており，実用化された後に広く普及し，他の
多数の抗生物質開発のきっかけになりました。

　1929年にフレミングがアオカビからペニシリンを最初に発見して以
来，感染症に対する多くの「抗生物質」は，細菌に対する「抗菌薬
（antibacterial drugs）」がほとんどでした。その後，探査と研究が進み，
細菌以外の感染症が多く知られるようになりました。ウイルスや真菌等
の感染症に対する抗生物質が次々と開発され，抗ウイルス薬や抗真菌薬
が出現し，天然物を化学的に修飾して改良され，さらに人工合成の抗菌
薬が開発されました。やがて抗腫瘍物質を概念に含めて，抗生物質とは
「微生物の産生物に由来する抗菌薬，抗真菌薬，抗ウイルス薬，そして

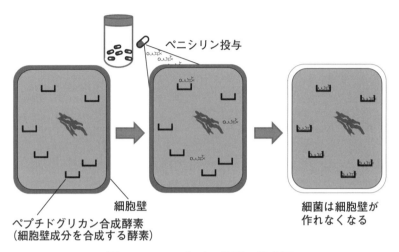

ペニシリン投与

細胞壁

ペプチドグリカン合成酵素
（細胞壁成分を合成する酵素）

細菌は細胞壁が
作れなくなる

図6-3　ペニシリン作用の模式図

抗がん剤であり，その大半は抗菌薬」と定義されるようになりました。

（3）抗生物質の量産

　第二次世界大戦中，ペニシリンの量産化に着手したのは，化学会社
「チャールズ・ファイザー・アンド・カンパニー」でした。同社は，
1880年にレモンとライムの濃縮液を使ってクエン酸を製造し，さらに
1919年に輸入柑橘類からではなく，発酵プロセスによるクエン酸の量産
に成功していました。クエン酸は薬品，食品，ソフトドリンク，洗剤，
工業用などに幅広く利用されていました。ペニシリウム属菌は増殖が遅
く，培地中に微量に存在するペニシリンの単離は非常に困難であり，最
初の生産量は非常に少量でした。しかし，クエン酸の生産に成功したの
と同じ深底タンクを利用し，数百万ドルにのぼる資金を深底タンク発酵
プロセスに必要な装置と施設の購入に充て，複雑な生産工程を完成させ

ました。そして同工場はわずか 4 ヵ月で操業を開始し，まもなく当初の予想を 5 倍も上回る量のペニシリンを生産することができるようになりました。この時にペニシリンが生産された装置は54キロリットルの大型培養装置でした。

　戦地で使用するための大量のペニシリンを渇望していた米政府は，ここで開発された発酵技術を利用した抗生物質の生産を19社に許可しました。しかし，技術が開示されたにもかかわらず，生産レベルと品質に追いつける企業はありませんでした。事実，1944年のノルマンディー上陸の際，連合軍が携帯したペニシリンの 9 割を，また，それ以降，終戦までに連合軍が使用したペニシリンの半量を同社が生産しました。現在では多くの企業が抗生物質を生産していますが，当時，同社の技術はそれほど革新的だったのです。

2.　発酵工学と産業化

　匠の時代の発酵は，発酵する食材を微生物から守り，目的の微生物だけを生育させるという高度な技を必要としていました。しかし，医薬品や工業品の製造では，より大量に効率よく高品質に生産するための技術が必要となります。抗生物質の例でもわかるように，発見がすぐに利用可能な技術となるわけではありません。

　発酵生産に関わる技術は，微生物の管理育成，発酵プロセスの設計，発酵槽等の機器，生産管理等があり，これらについて工学的な研究を行うことにより，目的とする物質を効率的に得ることが可能となります。工業プロセスでは，誰が行っても常に同じ様に目的とするものを生産可能とすることが大切です。中でも，どの微生物を使えば良いか，その微生物を選択して改良を加える微生物の育種技術，またどういう装置をどの様に運転すれば生産量と品質を維持できるかという培養技術が進みま

した。

（1） 有用微生物の探索

　酵素，抗生物質，およびアミノ酸を生産する微生物工業では，通常は1種類の微生物のみを使用する純粋培養を行います。その為には，自然界から優れた能力をもつ微生物を分離して選択する必要があります。目的の微生物を探し出す作業は，「スクリーニング」と呼ばれています。

　スクリーニングの方法は，目的によって千差万別です。抗生物質を産生する微生物を探索する場合は，対象となる病原菌や細胞が生育する寒天平板培地の上に，自然界から分離した微生物の培養液またはその抽出物をしみこませた厚めの濾紙を置いて，対象となる病原菌や細胞の生育を阻止するかで判定します。ビタミンやアミノ酸，核酸を産生する微生物を探索する場合には，それらの成分を欠いた寒天平板培地上に，それら成分を要求する検定菌を植え，周辺に検定菌が生育する試験菌のコロニーを選択します。スクリーニングの方法を上手に設計することが，有用な微生物の発見には必要不可欠です。

（2） 有用微生物の育種

　通常，スクリーニングにより得られた微生物は，そのままでは十分な生産性が得られません。発酵プロセスの改良によって，ある程度の生産性向上が見込めますが，それにも限界があります。微生物の生産性はその遺伝的な性質に依存します。そこで，微生物を変異させることによって，親株よりも高い生産性を示す株をつくります。多くの工業微生物ではこのような生産株の育種を行っています。

　突然変異を利用した育種による生産性向上の原理は，産生物によるフィードバック阻害や抑制が生じないようにする代謝調節，膜の透過性を

変化させ細胞内に生産物を蓄積しないようにする膜透過性向上，生産物
に至る代謝経路をのがれる経路を遮断し物質産生をさせる代謝経路の遮
断等があり，詳しくは次章で学びます。

　微生物の突然変異は通常，増殖中のDNAの複製ミスによって起こる
もので，自然突然変異の頻度は一億分の一から十億分の一程度のとても
低い出現確率です。そこで，紫外線やX線の照射，薬剤処理等の人為的
な手段で突然変異の出現頻度を高める技術が開発されています。高頻度
に出現する変異株の中から目的の突然変異株を選択します。目的の変異
株を効率よく選別することは，短期間で育種をする為に大変重要です。
付与させたい形質と，ある薬剤への感受性に相関がある場合，薬剤に対
する耐性菌を取得する方法などは大変有効です。例えば，各種アミラー
ゼの高生産株を分離する場合，変異処理の後，抗生物質などの薬剤耐性
の変化を指標にすると有効であることが古くから知られています。薬剤
としては，ペニシリン，ツニカマイシン，リファンピシンで生産性が上
がることが経験的に知られています。細胞壁の構造やタンパク合成能の
変化がその原因と推定されます。

（3）微生物の大量培養

　工業生産では純粋培養が必要条件です。雑菌汚染を避けなければなり
ません。このためには，培養槽内が容易に洗浄できるように構造が簡単
で滑らかであること，配管部を含めた構造と材質が滅菌処理に耐えられ
ることが理想です。この様な装置が開発され，さらに生産システムが発
達して微生物工業が進展しました。

培養装置

　小型の好気性微生物細胞用の培養装置は，綿栓をした肩付きフラスコ

84

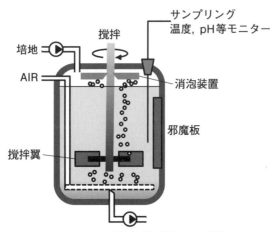

図6-4　微生物培養装置の構造

（坂口フラスコとも呼ばれます）を回転振盪機上で振盪させ，綿栓を通して酸素を培養液中へ供給するものです（口絵6-1　A，B）。1937年頃には，中部ヨーロッパで内部に撹拌機とエアー・スパージャー（air sparger）が設置され，内壁に邪魔板を取り付けて，通気と撹拌を組み合わせ，培養液の混合と効率よく酸素供給を行うことができる直立円筒式通気撹拌型の培養装置の原型が開発されました。先に述べた，ペニシリンの生産用の大型培養装置はこのタイプです。

　堅牢で長期使用が可能な現在型の回転振盪機や往復振盪機は1950年代に既に完成されています。これらは洗浄や滅菌ができるものであり，かつ温度，通気量，撹拌速度，pHなどといった微生物の培養に必要な条件を一定に保つことができるものです。溶存酸素をモニタリングしながら通気量のコントロールをする場合もあります。また，撹拌効率を上げる為の邪魔板，発泡による培養液の流出が問題となるために液体表面に浮んだ泡を消すための消泡装置等が付いている場合が多くあります（図

6 - 4)。培養のロット差が小さいもの程，優れた性能の装置であるといえます。

培養のスケールアップ

　好気性微生物の発酵生産システムのスケールは，先ず実験室における培養装置として①振盪培養フラスコおよび②ジャーファーメンター（Jar fermentor；小型通気撹拌型培養装置）（口絵 6 - 2)，工場における培養装置として，③パイロットプラントの発酵タンク（中規模通気撹拌型培養装置）および④工業生産用の発酵タンク（大規模通気撹拌型培養装置）（口絵 6 - 3)に大別されます。ジャーファーメンターの最大培養量は50〜100リットル，工業生産用の発酵タンクでは数十から数百キロリットルになります。

　発酵生産プロセスの培養装置のスケールアップは①→②，②→③，③→④と順次行われます。スケールアップを行うにあたっての基本的な考え方は，用いる培養装置の形や大きさによらず，微生物細胞を取り巻く培養環境が同等になるように調整することです。

工業的な培養工程

　工業的な微生物の培養の工程では，純粋分離した目的菌株の前培養を繰り返した後に，その種母を主培養槽に接種し，発酵生産を行います。主培養の方法は，「回分培養」と「連続培養」に分けられます。回分培養は必要な栄養源を培養開始時に全量仕込む方法と，培養の進行とともにある特定の成分を逐次追加していく方法がありますが，いずれも培養が終了するまで培養液を引き抜かない培養方法です。また次回の回分培養を行う時に，前回の培養液から菌体を分離し，その一部あるいは全部を培養槽に返送し，培養を行う方法もあります。連続培養は培養槽に一

定量の培地を連続的に供給すると同時に，これと等量の培養液を引き抜き，培養槽内の流量を一定に保ちながら長期間にわたり培養を続ける方法です。培養において大切なことは，他の菌の混入をできるだけ防ぐことです。

　種母となる菌株は寒天斜面培地からフラスコ培地に植菌して，一定時間振盪培養を行い接種用の菌体を用意します。もちろん，この時に他の菌が混ざらない様に，無菌操作を行います。種母培養槽は事前に予備殺菌をしたのち，培地を仕込んで殺菌をしておきます。主培養槽でも同様に，予備殺菌，培地調整，殺菌を行います。

3. 微生物工業の発展

　未来の医療として注目されているのが，「iPS 細胞（induced pluripotent stem cell）」と呼ばれる人工多能性細胞を利用した再生医療です。京都大学山中伸弥教授が世界で初めて iPS 細胞の作製に成功してノーベル賞を受賞して以来，iPS 細胞を用いた再生医療の研究開発が行われて実用化が進みつつあります。

　iPS 細胞は様々な組織や臓器の細胞に分化する能力と，ほぼ無限に増殖する能力を持っている細胞です。そこで iPS 細胞から様々な細胞を作り出して，病気や怪我などによって失われた機能を回復させる治療法である再生医療へ利用することが考えられています。例えば糖尿病には血糖値を調整する能力を持つ細胞を，怪我によって神経が切断された場合には神経細胞を，iPS 細胞から作り出して移植することにより治療します。iPS 細胞は皮膚や血液など，採取しやすい体細胞を使って患者さん自身の細胞から作成することができるので，分化した組織や臓器を移植した場合に拒絶反応が起こりにくいと考えられます。

　動物や植物の細胞培養は独立した細胞を増やすことなので，微生物を

アオカビ

Penicillium

アオカビは *Penicillium* 属のカビの総称で身の回りにたくさんいる微生物の一種で，フレミングの実験室で見つけたのもこのためと思われます。アオカビという名前ですが，コロニーは青，緑，紫，オレンジ，黄色，灰色，白色など様々です。顕微鏡で観察すると，筆の様な形の構造が見られ，毛筆状体の英語 "penicillus" が学名の由来になっています。ほとんどのアオカビは無毒であり，ブルーチーズの製造等にも用いられています。

画像提供：独立行政法人製品評価技術基盤機構バイオテクノロジーセンター

培養するのと同じ様に考えることができます。この様な細胞の培養は，これまではシャーレやフラスコなどのプラスチック基材を用いて手作業で行なわれていました。細胞の種類にも依りますが10^6個の細胞を基材に接着させて培養する為には$25cm^2$の面積が必要とされます。再生医療の治療に用いるためには10^9〜10^{11}個の細胞が必要となる為に，非常に大きな面積が必要とされます。培地は非常に多くの生物由来のタンパク成分や添加物で構成されておりコストがかかります。また，培養条件が悪いと細胞の性質が変わってしまいますし，ヒトの体に入れるものであるために安全でなければなりません。この為，再生医療の普及には，これまで熟練者により行われていた培養操作を無菌的に自動で行い，培地や培養基材のコストを下げる大量培養法の開発の必要があります。接着する細胞を大量培養する為には，二次元的な培養を改変して三次元的に培養することが考えられます。三次元的な培養では，スフェアと呼ばれる細胞の塊を培養液に浮かべる方法があります。しかし，スフェアはそのままでは沈んでしまいます。また，培養液の成分と培養液内の酸素濃度を均一化する必要があります。一方，細胞は撹拌によるダメージで死んだり性質が変わってしまいます。そこで撹拌スピードを制御して細胞に負担がかからないようにする必要があります。この様な技術はこれまでの微生物工業で培った培養技術が生かされます。

　また再生医療は，これまで有効な治療法の無かった疾患の治療ができる様になるなどの期待がある一方で，新しい医療であることから安全性の確保が必要です。そこで2014年に「再生医療等の安全性の確保に関する法律」が施行され，再生医療の安全性の確保に関する手続きや細胞培養加工の外部委託ルールが定められました。この法律により細胞の培養を，病院が企業へ委託することが可能となり，細胞を製造するプラントの需要が高まりました。そこで培養基材，培地，培養の自動化などにつ

いて，薬品，化学，繊維，医療機器，電気，半導体やプラントなどの様々な業界の技術を生かした取り組みが行なわれ，再生医療の大量細胞培養技術の開発が進められています。これは微生物工業の新しい展開の一つと考えられます。

4.　まとめ

　これまでの微生物工業は，微生物を用いて生産する工業でした。微生物の培養工学の基盤技術は iPS 細胞などの細胞培養技術へと発展しています。これまで述べてきたような発見，技術開発により微生物工業は発展し，エタノール，クエン酸，アセトン，ブタノール，グルタミン酸，リジン，ヌクレオチド類，多糖類，ビタミン類，抗生物質，色素等の微生物が産生する有用物質を効率的に大量生産できるようになりました。また，化学合成法と比べると，特殊な化学薬品を使わず，低温で反応させ，経済的に価値の高い化合物を生産することができます。さらに，酵素等を自然界から抽出するよりもはるかに高効率に大量生産でき，動植物由来の酵素を遺伝子組み換え技術で微生物に生産させることが可能となりました。

課題研究

家庭の常備薬，または，薬局で購入できる薬の中に，抗生物質が含まれているかどうかさがしてみてください。また，お医者さんに処方された薬に抗生物質が含まれているかどうか，その抗生物質の適用範囲を調べてみてください。さらに，抗生物質に対する耐性菌の問題について調べてみてください。

参考文献

□鈴木智雄監修『微生物工業技術ハンドブック』朝倉書店（1990年）

□永井和夫，中森茂，堀越弘毅，虎谷哲夫『微生物工学』講談社サイエンティフィック（1996年）

□ジョンハーシン『ペニシリン開発秘話』草思社（1994年）

7 | 生産する微生物

安部博子

《**目標＆ポイント**》　前章では，発酵槽の開発と培養工学の進展，育種学の進展を学びました。微生物を小さな工場にして，多くの製品が生産されています。アミノ酸や核酸の調味料，ペニシリンに代表される抗生物質など，暮らしに役立つ製品が次々に生産されています。自然界に存在する微生物とその微生物工場をそのまま利用できることはまれですので，我々は，微生物工場の設計図を変更し，より効率よく有用物質を生産できるようにしています。時には不純物を低減させる工夫を編み出しながら，生産する微生物を育てていきます。

《**キーワード**》　アミノ酸発酵，フィードバック阻害，代謝制御，アナログ耐性

1. 微生物の多様な能力

　微生物は自然界の中で生き抜くために，有機物を分解してエネルギーを獲得し，自分の体を作る物質を生産します。また，抗生物質などのように，他の微生物よりもより有利に生き残ろうとするための物質を生産します。時には他の生物と共闘し，共生することもあります。第9章で学びますが，有機物を分解する能力も自然界で生き抜くには有利に作用することがあります。他種が分解できない物質を独り占めできるからです。このように自然界の微生物は多様です。この多様性が，微生物の物質生産能の多様性にもつながっています。この多様な物質生産能から，有用物質の生産能を見つけ出すことができれば，微生物を物質生産工場

として利用することが可能になります。有用物質を生産する微生物の探索から始まり，生産する微生物の生育時の生理状態を変化させたり，突然変異によって微生物の代謝を制御したりすることで，アミノ酸や核酸の経済的発酵生産が可能となり，有用な代謝産物を微生物に生産させる発酵工業が発展しました。

2. 微生物が生産する有用物質

　微生物が生産する有用物質のごく一部を表7-1に示しました。アミノ酸であるグルタミン酸は調味料として有名です。クエン酸は酸味料として使われます。ペニシリンに代表される抗生物質は既に学びました。

表7-1　微生物が生産する有用物質

種　類	物質名	用　途	代表的な生産微生物
アミノ酸類	グルタミン酸	調味料など	*Corynebacterium glutamicum*
	リジン	家畜肥料添加物など	*Corynebacterium glutamicum*
有機酸	クエン酸	酸酸味料，可塑剤など	*Aseprgillus niger*
	コハク酸	医薬品賦形剤，調味料など	*Corynebacterium glutamicum*
抗生物質	ペニシリン	抗菌薬	*Penicillium chrysogenum*
	ストレプトマイシン	抗菌薬	*Streptomyces griseus*
抗がん物質	アンスラサイクリン	抗腫瘍剤	*Streptomyces peucetius*
	マイトマイシンC	抗腫瘍剤	*Streptomyces caespitosus*
医薬品	エバーメクチン	抗寄生虫剤	*Streptomyces avermectinius*
	タクロリムス	免疫抑制剤	*Streptomyces tsukubaensis*
	ミカファンギン	抗菌剤	*Coleophoma empetri*
酵素類	グルコアミラーゼ	でん粉からブドウ糖の生産	*Rhizopus delemar*
	グルコースイソメラーゼ	ブドウ糖から果糖の（液糖）生産	*Streptomyces albus*
遺伝子組換え医薬品	ヒト・インスリン	糖尿病治療	*Saccharomyces cerevisiae* 他
	インターフェロン	C型肝炎等の治療	*Escherichia coli* 他

放線菌であるストレプトマイセス・アベルメクチニウス（*Streptomyces avermitilis*）が生産するエバーメクチンは寄生虫感染症に対する優れた治療薬として発見されました。北里大学の大村智特別栄誉教授がその業績により2015年のノーベル生理学・医学賞を受賞しています。エバーメクチンのジヒドロ誘導体であるイベルメクチンは熱帯病のオンコセルカ症（河川盲目症），リンパ系フィラリア症等に著しい効果を示し，年間数億人に投与されています。その他，大村はストレプトミセス・スタウロスポレウス（*Streptomyces staurosporeus*）が生産するスタウロスポリンやスプレプトミセス属が生産するラクタシスチンを単離しています。スタウロスポリンは最強のプロテインキナーゼ阻害剤，ラクタシスチンは巨大複合酵素プロテアソームの特異的阻害剤として生化学，分子生物学分野における研究用試薬として世界中で使われています。日本の製薬会社が1984年に筑波山の土壌の放線菌ストレプトマイセス・ツクバエンシス（*Streptomyces tsukubaensis*）より分離したタクロリムスは，リウマチなどの自己免疫疾患やアトピー性皮膚炎に有効です。特に臓器移植を行った患者の拒絶反応を抑制する効果が高く，臓器移植には無くてはならない薬剤となっています。デザートとして有名なナタデココは酢酸菌であるアセトバクター・キシリナム（*Acetobacter xylinum*）によって作りだされるセルロースです。このようにバクテリアによって作られるセルロースのことをバクテリアセルロースといい，その特性からスピーカーの音響振動板，人工血管など様々な分野に応用されています（口絵 7 - 1）。その他，後の章で学びますが，微生物は酵素剤や遺伝子組換え医薬品なども生産しています。このように微生物は我々の暮らしと密接に関わっているのです。

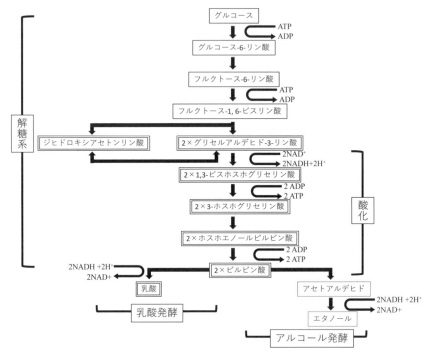

図7-1　解糖系と乳酸・アルコール発酵（エタノール発酵）

3. ミクロの工場

　微生物がアルコールや乳酸を生産することは既に学びました。アルコールや乳酸がどのように造られるのかを代謝経路で示したのが図7-1になります。酵母にブドウ糖を与えると，10μmという小さな細胞のなかで，いろいろな工程を経てアルコールを生産してくれます。乳酸菌も図7-1に示す同様の経路で乳酸を作ります。この代謝系ではグルコース1分子を異化するために生物のエネルギー源となる ATP 2分子が消

費されますが，グリセルアルデヒド - 3 - リン酸からピルビン酸を生成する過程で ATP が 4 分子合成されるので，結果として 2 分子の ATP が生産されることがわかります。このグルコースの異化反応によって 4 つの水素原子がはずされます（酸化）。電子伝達体であるニコチンアミドアデニンジヌクレオチド（NAD）は酸化型（NAD$^+$）と還元型（NADH）の 2 つの状態が存在し，はずされた水素原子は水素イオン（H$^+$）と電子に分かれて NAD$^+$ と結合し，NADH となります（還元）。NADH は受け取った水素をはずして NAD$^+$（酸化）にもどらなければ，次の ATP を合成することができません。図 7 - 1 では，アルコール発酵や乳酸発酵を行うことによって，NADH の収支を 0 にできることがわかります。酵母や乳酸菌は比較的酸素濃度の低いところで生育するため，この NADH を酸化するのが難しくなります。そこで，最終産物をエタノールや乳酸にすることで，酸化型の NAD$^+$ を回収します。このように考えると酵母や乳酸菌はエタノールと乳酸を作る必要があることがわかります。生物の合目的的な側面であり，酵母は無駄にアルコールを生産しているわけではなかったのです。

　微生物は細胞内に化学プラントをもった，生きた工場といえます。緻密に設計された代謝工程をもち，物質の生産をしています。ただし，その生産は合目的的であり，自然界で生き抜くために設計されています。そこで，私達が微生物から有用物質をより効率よく回収するためには，微生物の中にある化学プラントの設計を改変する必要があります。その為には緻密な設計を紐解き，人が目的とする物質を効率よく生産できるように変更する必要があります。微生物の生理的な状態を変化させる，または，遺伝子に変異を入れたり，遺伝子の組換えをすることで，人が目的とする物質を大量に生産してくれるようになります。微生物にとっては無駄な工程を経た反応をすることになりますが，それでも微生物は

今日の微生物

酢酸菌

Acetobacter aceti

酢酸菌はアルコールから酢酸を作る好気性細菌の総称です。酵母や乳
酸菌と同様にパスツールによって発見されました。細胞膜上の酸化酵
素の働きによる強力な酸化能により糖やエタノールを糖酸や酢酸に酸
化します。また菌膜を形成します（口絵7-1）。多糖からなる菌膜は
菌体の好気性の維持と酢酸耐性にも関与していると考えられています。
お酢以外にも，ココナッツミルクを発酵させたナタデココや，カスピ
海ヨーグルトなどに酢酸菌が使われています。本章で紹介したように
Acetobacter xylinus は大量のセルロース（ナタデココ）を生産します。

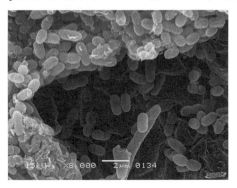

画像提供：独立行政法人製品評価技術基盤機構バイオ
テクノロジーセンター

生産してくれます。

4. 生理的な状態変化を利用するアミノ酸の生産方法

　うまみ調味料として有名な「味の素」はアミノ酸の一つであるグルタ
ミン酸からできています。1908年に東京帝国大学の池田菊苗教授によっ
て昆布に含まれるうまみ成分の本体がグルタミン酸ソーダであることが
発見されました。その後，このグルタミン酸を得るために，大豆タンパ
ク質や小麦タンパク質を塩酸でアミノ酸にまで加水分解して製造してい
ました。1956年に木下祝郎や朝井勇宣らが微生物によるグルタミン酸の
生産技術であるグルタミン酸発酵法を確立し，グルタミン酸生産が微生
物の力によって行われるようになりました。グルタミン酸発酵法で用い
られる微生物はコリネバクテリウム・グルタミカム（*Corynebacterium
glutamicum*）が知られています。なぜこの微生物がグルタミン酸を大
量に生産することができるのでしょうか。とても興味深いことですが，
現在でもその全容が明らかにされたとはいえません。

　コリネバクテリウム・グルタミカム（*C. glutamicum*）はビタミンの
一種であるビオチンを生育に必要とします。コリネバクテリウム・グル
タミカム（*C. glutamicum*）はビオチンをその生育に最適な量よりも少
なく与えられることによってグルタミン酸を大量に生産します（ビオチ
ン制限）。図 7 - 2 で示されるように，ビオチン制限環境下で *C.
glutamicum* を生育させると脂肪酸合成が抑制されることが分かってい
ますが，これは脂肪酸を材料とする細胞膜の不完全性を誘導します。細
胞壁の合成を阻害するペニシリンを適量添加することによってもグルタ
ミン酸が大量に生産できることも発見されています。ある種の界面活性
剤の添加や，脂肪酸要求株を取得し脂肪酸を制限して培養しても同様に
グルタミン酸を大量に生産させることが可能でした。これらの操作はす

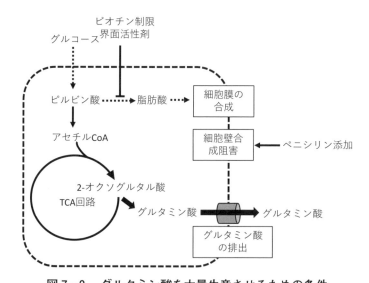

図7-2 グルタミン酸を大量生産させるための条件
微生物は細胞膜の維持にビオチンを必要とするが，これを制限すると細胞膜が
異常になり，グルタミン酸が細胞外に漏れ出る。

べて，細胞膜構造の設計図の変更を意味します（図7-2）。このことか
ら，当初，細胞膜の構造が変わり透過性が増せば，細胞内に合成された
グルタミン酸がどんどん細胞外に流出してしまうと考えられました。グ
ルタミン酸は微生物がタンパク質を作るためには必ず必要なアミノ酸で
あるため，流出したグルタミン酸分を合成しなければならなくなります
が，せっかく合成しても菌体外に流出してしまうので，グルタミン酸が
培養液中に多量に蓄積されていくことが想像できます。ところが，細胞
膜がどんなに弱くなっても，微生物が生きている限りグルタミン酸が漏
れ出るほどの構造変化は起こらないと考えられています。細胞膜に穴が
空いてれば微生物は生きられないからです。現在では，グルタミン酸を
細胞外に輸送するためのチャンネルの構造が変わり，グルタミン酸を積

極的に細胞外に輸送していると考えられています。上述のような細胞膜
の変化がその構造の変化の引き金になっていると考えられています（図
7-2）。チャンネルの構造が変わったことは明らかなのですが，どのよ
うに変更させたのかが必ずしも明確になっていないというのは，微生物
学の奥の深さを示しています。

5.（突然）変異株を利用する微生物工場の設計変更

　アミノ酸の生合成は生成物であるアミノ酸が過剰にならないように，
上手く調節されています。例えば，生成物であるアミノ酸が，過剰にな
りかけたら，生合成系の途中の酵素反応に，そのアミノ酸自身が働きか
けて，酵素反応を進ませなくします。これを，フィードバック阻害と呼
びます。この調節機構によって，生成物の過剰生産が抑えられています
（図7-3）。目的とするアミノ酸を生産する場合は，このフィードバッ
ク阻害が起こらない変異株を作成すれば，どんどん目的のアミノ酸を生
産することが期待できます。変異株の取得には前章で学んだ多くの変異
技術を利用します。リジンはアミノ酸の一つで，家畜の飼料添加物とし
て用いられており，畜産家にとってはとても大事なアミノ酸です。リ
ジンも微生物を利用して大量に作ることが可能です。微生物はリジンをア
スパラギン酸，ジアミノピメリン酸を経由して合成します。やはりアミ
ノ酸の一つであるスレオニンもアスパラギン酸，ホモセリンを経由して
合成されます（図7-3A）。アスパラギン酸からリジンやスレオニンを
合成する最初の酵素であるアスパルトキナーゼはリジン，スレオニンの
両方が十分に合成されると，フィードバック阻害がかかり，反応を止め
ます。この反応には両方のアミノ酸が必要で，どちらか一つのアミノ酸
だけでは止めることができません（協奏的フィードバック阻害）（図7-
3B）。この生合成経路のホモセリンを生成するホモセリン脱水素酵素

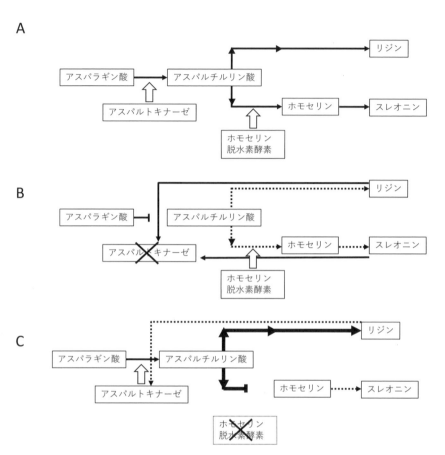

図7-3　リジン，スレオニンの生合成経路（A）リジンとスレオニンによる協奏的フィードバック阻害（B），フィードバック阻害解除（C）

をもたない変異株は，ホモセリンを自分では作れなくなり，ホモセリンを外から与えないと生育できなくなります。生育するために最低限必要なホモセリンを与えてやるとリジンは前と同じだけ合成されても，リジンだけではフィードバック阻害がかかりません。そうなるとアスパルト

キナーゼにフィードバック阻害をかけることができずに，反応はどんどん進んでいきます（図7-3 C）。結果として，リジンだけが多量に生成されることになります。このようにして，変異株を利用すれば，リジンを大量に生産できるようになります。実際のリジンの生産ではグルタミン酸生産微生物のホモセリンやスレオニンを生育に必要とする栄養要求変異株を利用してフィードバック阻害がかからないようにして生産が行われています。このように微生物工場の設計変更によりアミノ酸の大量生産が可能になります。

6. アナログ耐性変異株を用いた微生物工場の設計変更

　アミノ酸に類似の構造をもった物質（アミノ酸アナログ）がアミノ酸合成においてフィードバック阻害を起こすことがあります。このアナログを微生物に与えると，目的のアミノ酸が大量に作られている状態と判断し，アミノ酸を作らなくなり，生育することができなくなります（図7-4 A）。そこで，アナログがあっても生育することができる変異株を取得します。これを，アナログ耐性変異株と呼びます。アナログ耐性変異株はフィードバック阻害のかからなくなった（本来のアミノ酸やアナログ物質による阻害を受けない）変異株として期待できるからです。前章でも紹介しましたが，薬剤耐性株を取得することは比較的簡単です。通常では生育できない程度の薬剤を生育培地に入れておけば，薬剤耐性株だけが生育してくるからです。前述のリジンを例にします。アスパルトキナーゼはリジン，スレオニンの両方が十分に合成されると，フィードバック阻害がかかり，反応を止めます（図7-3 B）。リジンのアナログである S-(2-アミノエチル)-L-システインはスレオニンと共に，アスパルトキナーゼをフィードバック阻害します（図7-4 A）。S-(2-アミノエチル)-L-システイン耐性株は，リジンとスレオニンによるアス

A

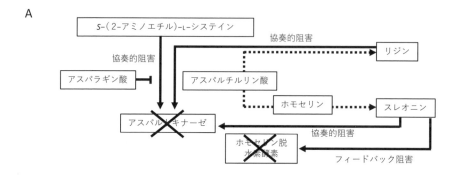

B

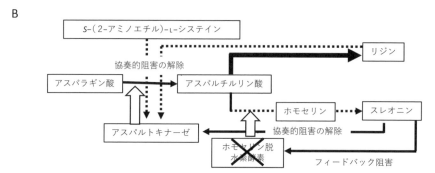

図7-4　リジン，スレオニンの生合成経路におけるアミノ酸アナログの働き（A）と代謝アナログ耐性変異株（B）

パルトキナーゼに対するフィードバック阻害が機能しないことが期待できます。変異株が生産するアスパルトキナーゼは，アスパルチルリン酸を生産することは可能ですが，リジンによるフィードバック阻害を受けなくなります。また，スレオニンはホモセリン脱水素酵素をフィードバック阻害するので，スレオニン合成系は停止します（図7-4 B）。実際にこのようにして，リジン高生産株が分離されています。高生産株は生合成されたリジンによってリジン生合成系が阻害されず，リジンやスレオニンが同時に高濃度で存在していてもリジン生合成は止まらないので

大量のリジンが生合成されます。このように薬剤を上手く利用することによって微生物工場の設計を変更することが可能になります。

7．複雑な物質の設計図を変更する

　前述のタクロリムスは放線菌（*Streptomyces tsukubaensis*）の培養液中で発見されました。タクロリムスはとても複雑な構造をしており，どのような経路で生産されるかは未だわからない点もあります。しかし，構造の一部がリジンからできていると推定されるため，前述のリジンのアナログである *S*-（2-アミノエチル）-L-システイン耐性株を取ることにより，リジン生合成のフィードバック阻害を解除しました。それにより，タクロリムスの生産性の向上と，タクロリムスの構造に似た不純物質の低減を達成しています。比較的単純なリジンとは全く異なる複雑な物質であっても，その構造の骨格を形成する元となる物質の量を増やすことで，生産性の向上と最終製品を得る際に問題となる不純物の低減が実現しています。たとえ複雑な設計図であっても，また，設計図が未知であっても，設計の変更が可能です。

課題研究

スポーツ飲料の裏側には，飲料に含まれる成分が記されています。ビタミンだけではなくアミノ酸類も記されています。どのようなアミノ酸が記されているかを確認してみてください。本書で取り上げたアミノ酸以外にも，多くのアミノ酸が生産されていることがわかると思います。さらに，それらアミノ酸の生産方法も調べてみてください。

参考文献

□山田浩一編『微生物利用学概論』地球社（1974年）

□相田浩，高橋甫，上田清基，栃倉辰六郎，上田誠之助『新版応用微生物学Ⅱ』朝倉書店（1981年）

□森永康『調味料（アミノ酸発酵）と微生物』モダンメディア62巻3号2016，94-99

□児島宏之『アミノ酸の製造』Microbiol. Cult. Coll.（2006年）45-48

□長尾康次，上田聡，神田宗和，大畑暢敬，山下道雄，日野資弘「醗酵天然物からの医薬品の開発―微生物の能力を引き出した生産技術の開発―」薬学雑誌（2010年）130（11），1471-1478

□外内尚人「酢酸菌利用の歴史と食文化」日本乳酸菌学会誌（2015年）26巻，1号，6-13

8 | 変換する微生物

重松　亨

《目標＆ポイント》　微生物工場が有する機能の一部だけを利用して，物質を変換することも可能です。飲料の甘み成分として利用される異性化糖はブドウ糖を果糖に変換して甘みを増してくれます。変換技術や変換技術の主役となる微生物酵素の生産を学びます。

《キーワード》　酵素，物質変換，スクリーニング，微生物酵素の生産

1. 微生物と酵素

　ヨーロッパにおいて微生物学が誕生した19世紀末，フランスのパスツール（Louis Pasteur）は，エタノール発酵は生きた微生物でないとおこらないという説を唱えていましたが，これに対してドイツの化学者リービッヒ（Justus Freiherr von Liebig）は，エタノール発酵は純粋に化学的な過程であり，生物学的な過程ではないという説を唱えていました。

　ドイツのブフナー（Eduard Buchner）は，酵母の細胞を乳鉢に石英砂と珪藻土と共に加えて，乳棒で破砕し，さらに丈夫な布にこれを包み油圧プレスで押しつぶすことで，酵母細胞の成分は全て含みつつ細胞そのものは死滅している「無細胞抽出液」を調製しました。この抽出液を高濃度の糖液に加えて一晩放置したところ二酸化炭素が発生し，酵母の生きた細胞が無くてもエタノール発酵が起こることを示しました。こうして，パスツールとリービッヒの論争に幕が引かれることになります。

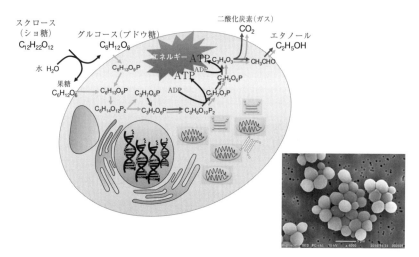

図 8-1　酵母のエタノール発酵

　ブフナーは，この反応は酵素「チマーゼ」によって引き起こされると説明しました。これが，酵素が初めてサイエンスの世界に登場した経緯です。

　その後の生化学の発展により，酵母のエタノール発酵の代謝経路が明らかにされてきました。現在では，図 8-1 の代謝経路によってグルコースやスクロースがエタノールと二酸化炭素に変換されることが分かっています。当時，ブフナーがチマーゼと名付けた酵素は，この代謝経路の矢印すべての反応を触媒する酵素の集合であったと考えられています。

　エタノール発酵は，パスツールの説のように微生物によって引き起こされます。しかし，その化学変化に実際に携わっているのは，微生物に含まれる酵素であり，酵素が触媒する化学反応の結果ということもできます。この点ではリービッヒの説も間違いではありませんでした。酵素

は，生きた細胞の中でなくても，例えば試験管の中でも，同じ反応を進める効果があることが分かりました。

　そうなると，微生物の細胞が有する機能の一部だけを酵素として取り出し，様々な物質の変換反応を進めるために利用できないだろうか，という要求が高まりました。その結果，酵素を利用した技術の開発につながってきました。

2. 酵素反応のしくみ

　生体内で化学反応を進める触媒として機能している分子が酵素です。酵素は，タンパク質からできている生体触媒です。タンパク質を構成するアミノ酸の鎖が複雑に折れたたまり酵素の構造を形づくっています。酵素は，反応のもととなる物質，つまり基質と特異的に結合することで反応を触媒します。酵素の触媒活性を担う部分は，その酵素が反応を触媒する基質の形に合わせた格好をしています。そして，あたかも鍵穴に鍵があうように結合して反応を触媒するわけです。このしくみによって，ある酵素は特定の反応にしか関与することができません。これにより酵素の高い反応特異性が生み出されています。

　触媒の役目は化学反応の速度を増加させることにあります。ある化学反応を進めるためには，反応を行う元の物質が反応しやすい状態（活性化状態）となるためのエネルギー（活性化エネルギー）を与えることが必要です。例えば，マッチを着火させる時，マッチ棒の頭をマッチ箱の横に擦りつけます。この時，マッチ箱に付着した赤リンがマッチ棒の頭につくとともに摩擦熱により燃えだします。これは摩擦熱の形で赤リンが燃える反応に活性化エネルギーを与えていることなのです。触媒はこの活性化エネルギーを大幅に低減することで反応を進めやすくする働きをもっていて，これにより反応速度を増加させます。ただし，酵素は活

108

フリッツ・ハーバー カール・ボッシュ
(1868〜1934)　(1874〜1940)

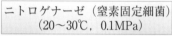

ハーバー・ボッシュ法（1912年）
（200〜500℃，20〜100MPa）

高圧反応炉

$$N_2 + 3H_2 \longrightarrow 2NH_3$$

ニトロゲナーゼ（窒素固定細菌）
（20〜30℃，0.1MPa）

マメ科植物の根粒　根粒菌（*Sinorhizobium meliloti*）　ニトロゲナーゼ
（写真提供：農研機構）

図8-2　アンモニア合成反応

性化エネルギーにのみ影響し，反応物質と生成物のエネルギーの大きさには影響しません。そのため，十分な反応時間後，平衡状態に達したときの反応物に対する生成物の割合は変わりません。

　このように，酵素は，高い反応特異性と優れた触媒機能をもっていて，ある酵素はそれが触媒する特定の反応にのみ作用し，その反応速度を劇的に増加させます。これにより，特定の反応を省エネルギー的に促進することができるわけです。この酵素を上手く利用すれば暮らしに役立たせることができます。

　例えば，窒素分子と水素分子が合わさってアンモニアが生成する反応（図8-2）を考えてみましょう。この反応は普通の温度・圧力条件下ではほとんど反応が進行しません。人工的にこの反応を進めようとすると，

高峰譲吉
（1854〜1922）

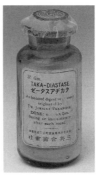

タカジアスターゼ

図 8 - 3　高峰譲吉とタカジアスターゼ
資料提供：金沢ふるさと偉人館，第一三共株式会社

ハーバー・ボッシュ法で200〜500℃の高温でかつ200〜1,000気圧（20〜100 MPa）の圧力条件下にする必要があります。ところが，窒素固定細菌と呼ばれるある種の微生物はニトロゲナーゼという酵素をつくることができ，この反応を常温（20〜30℃）で1気圧（0.1 MPa）の圧力条件下で行うことができます。

　わが国では古くから麹菌を食品製造工程に利用してきました。この麹菌利用技術は，正確には，麹菌という微生物が分泌生産する酵素を使って食品素材の成分を変換する技術ということができます。例えば，アミラーゼを使ってでん粉を低分子糖に変換したり，プロテアーゼを使ってタンパク質をペプチドやアミノ酸に変換したりする技術というわけです。ところが，当時は微生物や酵素に対する認識がぼんやりしていました。時代が進み，微生物や酵素というものが明確に認識されてくると，微生物のつくりだす酵素を酵素として利用する試みが始まりました。1894年，高峰譲吉は麹菌の生産するアミラーゼ，プロテアーゼを含む粗酵素物であるタカジアスターゼの製造に成功しました（図8-3）。これ

が世界初の微生物酵素製剤です。これから100年以上たった現在でも，タカジアスターゼはグルコースの製造をはじめとしてアルコール工業への利用，胃腸薬などに広く用いられています。

3. 微生物酵素を利用した変換技術

　高峰譲吉によるタカジアスターゼの製造から今日まで，様々な微生物由来の酵素が製造されています。主な微生物酵素について表8-1にまとめましたが，微生物酵素は食品・医療・化学等，多岐にわたる産業分野において利用されていることがわかります。

　糖質関連酵素としては，アミラーゼやグルコースイソメラーゼなどが利用されています。アミラーゼは穀物が貯蔵する多糖であるでん粉のグリコシド結合を加水分解し低分子糖に変換し，ブドウ糖や麦芽糖を製造するのに使われます。また，グルコースイソメラーゼによりブドウ糖を果糖に変換して甘みの強い異性化糖が製造されています。ブドウ糖は，でん粉からアミラーゼを用いて比較的容易に製造できますが，甘味度はスクロース（ショ糖）の70％程度しかありません。グルコースイソメラーゼによりブドウ糖から変換されるフルクトース（果糖）の甘味度は強く，ショ糖の170％程度もあります。そこで，アミラーゼによりでん粉をブドウ糖に変換した後，グルコースイソメラーゼによりブドウ糖の約半分を果糖に変換した異性化糖を用いた，いわゆる「果糖ぶどう糖液糖」（フルクトースの割合が高い場合）あるいは「ぶどう糖果糖液糖」（グルコースの割合が高い場合），が清涼飲料水や加工食品の甘味料として用いられています（図8-4）。このグルコースイソメラーゼを用いた異性化糖の製造技術は1960〜1970年代にかけて，当時の通商産業省工業技術院（現在の独立行政法人産業技術総合研究所）の高崎義幸らが中心となり開発され，国内での普及・利用はもちろん，国有特許の海外への輸出

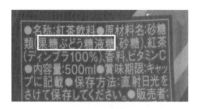

グルコースイソメラーゼ

グルコース（ブドウ糖）　➡　グルコース（ブドウ糖）＋フルクトース（果糖）

平衡状態でグルコース：フルクトース＝50％：50％

図8-4　グルコースイソメラーゼと果糖ぶどう糖液糖

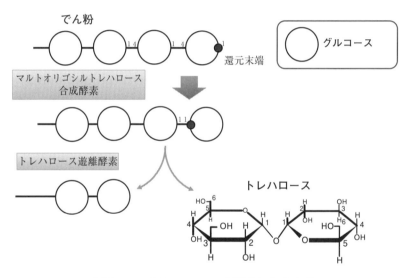

図8-5　トレハロースの酵素による合成

第一号にもなりました。

　トレハロースは，2分子のグルコースがα-1,1結合した2糖類の一種です（図8-5）。高い保水力があるため，医薬品や化粧品に使用されて

いましたが，近年，骨強化作用や脂質の変敗抑制作用，でん粉の老化防止作用など食品用途にも適した性質が知られています。トレハロースは，元々酵母から抽出されて利用されていましたが，現在ではでん粉を原料に酵素により製造する技術が確立され利用されています。まず，でん粉の還元末端のグリコシル基にマルトオリゴシルトレハロース生成酵素を用いて α-1,4 結合から α-1,1 結合へ転移させ，マルトオリゴシルトレハロースを生成します。そして，このトレハロースをトレハロース遊離酵素で切り離すことでトレハロースを生産します。この技術は，岡山県の株式会社林原により開発されたもので，でん粉からの安価なトレハロースの大量生産法として普及しました。

　シクロマルトデキストリングルカノトランスフェラーゼによりでん粉から生成される環状オリゴ糖（シクロデキストリン）は，各種の化合物を分子内に捕捉できることから，香料の持続性の増加や色素や薬効性を持った化合物の保護・安定化などの特徴を持ち，食品・医薬品・化粧品などの分野で利用されています。セルロースは植物細胞の細胞壁の主成分をなす糖質であるので，これを分解・低分子糖に変換するセルラーゼは植物を原料とした食品加工に広く用いられています。

　脂質関連酵素としては，脂質のエステル結合を加水分解するリパーゼが，消化剤等に利用されています。また，脂質の組成を改変する食品加工用にも利用されています。タンパク質関連酵素としては，タンパク質のペプチド結合を加水分解してペプチドやアミノ酸に変換するプロテアーゼが，食品加工など用に利用されています。牛乳のタンパク質である κ-カゼインに作用するレンネットは，凝乳酵素としてチーズの製造に欠かせないプロテアーゼの一種で，キモシンという酵素を主成分としています。もともと，子牛の胃から取り出したキモシンをレンネットとしてチーズが作られていました。ところが，ケカビ *Rhizomucor pusillus*

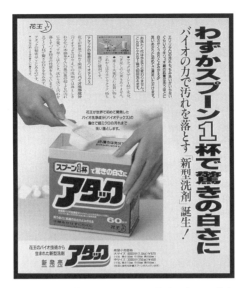

図8-6　花王アタックの広告（1987年）
資料提供：花王株式会社

（旧名 *Mucor pusillus*）から同じ反応を触媒する酵素がみつかり，代用
レンネット，ムコールレンニンが利用されるようになりました。また，
アミノ酸を別のアミノ酸に変換する酵素は，タンパク質の物性の改質や
医療用に用いられています。

　1987年，花王株式会社の発売したコンパクト洗剤「アタック」は，当
時の洗濯洗剤の常識を破る画期的なものでした（図8-6）。スプーン一
杯で高い洗浄効果を持つ洗剤は瞬く間に世界のスタンダードとなりまし
た。この洗剤の高い洗浄効果の秘密は，アルカリ性 *Bacillus* sp. KSM-
635株が生産するセルラーゼを利用したことです。セルラーゼは衣類の
繊維の本体である結晶性セルロースには作用せず，非結晶の汚れ成分に
作用し分解することで高い洗浄力を発揮しますが，このセルラーゼは，

表8-1　主な微生物酵素

酵素名（EC番号）	生産微生物の例	反応	用途の例
α-アミラーゼ (EC 3.2.1.1)	*Bacillus subtilis,* *Aspergillus oryzae*	でん粉のα-1,4結合をランダムに加水分解	でん粉の加工・液化, 消化剤
β-アミラーゼ (EC 3.2.1.2)	*Bacillus cereus,* *Paenibacillus polymyxa* （旧名 *Bacillus polymyxa*）	でん粉のα-1,4結合をマルトース単位で加水分解	麦芽糖の製造
グルコアミラーゼ (EC 3.2.1.3)	*Rhizopus delemar*	でん粉のα-1,4結合をグルコース単位で加水分解	でん粉の糖化, ブドウ糖の製造
グルコースイソメラーゼ（EC 5.3.1.5)	*Streptomyces bobili,* *Bacillus megaterium,* *Lactobacillus brevis*	グルコースをフルクトースに変換	果糖の製造
インベルターゼ (EC 3.2.1.26)	*Saccharomyces cerevisiae*	スクロースを分解しグルコースとフルクトースを生成	転化糖の製造
ラクターゼ (EC 3.2.1.108)	*Kluyveromyces marxianus* （旧名 *Saccharomyces fragilis*）	ラクトースを分解しグルコースとガラクトースを生成	アイスクリーム（乳糖晶出防止）
グルコースオキシダーゼ（EC 1.1.3.4)	*Aspergillus niger,* *Penicillium chrysogenum*	グルコースを酸化し, グルコノ-1,5-ラクトンとH_2O_2生成	グルコースの分析, 卵白の脱糖, マヨネーズ, 果汁など食品中の脱酸素
シクロマルトデキストリングルカノトランスフェラーゼ (EC 2.4.1.19)	*Paenibacillus macerans* （旧名 *Bacillus macerans*）	でん粉からシクロデキストリン生成	シクロデキストリンの製造
フルクトシルトランスフェラーゼ (EC 2.4.1.100)	*Aspergillus niger*	スクロースからグルコースとフルクトオリゴ糖を生成	フルクトオリゴ糖の製造

トレハロース合成酵素 マルトオリゴシルト レハロース生成酵素 （EC 5.4.99.15）と トレハロース遊離酵 素からなる	*Arthrobacter* sp.	でん粉からトレ ハロースを生成	化粧品・食品 素材のための トレハロース 製造
セルラーゼ エンドグルカナーゼ （EC 3.2.1.4），エキ ソグルカナーゼ （EC 3.2.1.91）	*Trichoderma viride,* *Irpex lacteus,* *Aspergillus niger* *Bacillus* sp.	セルロースの β -1,4結合を加水 分解	穀類・野菜・ 果物加工，植 物成分の抽出 助剤，食品加 工，医薬用， 果汁混濁除 去，洗剤用
ペクチナーゼ ポリガラクツロナー ゼ（EC 3.2.1.15）， ペクチンリアーゼ （EC 4.2.2.10），ペ クチンエステラーゼ （EC 3.1.1.11）など	*Sclerotinia sclerotiorum* （旧名 *Sclerotina libertiana*）， *Coniella diplodiella* （旧名 *Coniothyrium* *diplodiella*）， *Aspergillus oryzae,* *Aspergillus niger,* *Aspergillus wentii*	ペクチンを加水 分解	果汁・果実酒 の清澄化，植 物繊維の精練
リパーゼ トリアシルグリセリ ドリパーゼ （EC 3.1.1.3）など	*Candida cylindracea,* *Yarrowia lipolytica* （旧名 *Candida* *paralipolytica*）， *Thermomyces lanuginosus* （旧名 *Humicola lanuginose*）	脂質のエステル 結合を加水分解	消化剤，洗剤， 食品加工
プロテアーゼ （EC 3.4群）	*Bacillus subtilis,* *Streptomyces griseus,* *Aspergillus oryzae,* *Aspergillus phoenicis* （旧名 *Aspergillus saitoi*）	タンパク質のペ プチド結合を加 水分解	洗剤，肉軟化 剤，清酒・ビ ールの混濁除 去，調味料
凝乳酵素（ムコールレ ンニン） キモシン （EC 3.4.23.4）を主 成分とする	*Rhizomucor pusillus* （旧名 *Mucor pusillus*）	タンパク質の加 水分解	チーズの製造

トランスグルタミナーゼ	*Streptomyces mobaraensis*（旧名 *Streptoverticillium mobaraense*）	タンパク質間のグルタミン残基とリジン残基の間で架橋構造を形成	タンパク質の物性改良
アスパラギナーゼ（EC 3. 5. 1. 1）	*Escherichia coli*	アスパラギンのアスパラギン酸への変換	医薬（白血病治療）
ナリンジナーゼ α-L-ラムノシダーゼ（EC 3. 2. 1. 40）を主成分とする	*Aspergillus niger*	ナリンジンを分解しラムノースとプルニンを生成	夏みかん果汁の苦み除去
ヘスペリジナーゼ α-L-ラムノシダーゼ（EC 3. 2. 1. 40）を主成分とする	*Aspergillus niger*	ヘスペリジンを分解しラムノースを生成	温州みかんの果汁・缶詰の白濁沈殿除去
ペニシリナーゼ（EC 3. 5. 2. 6）	*Bacillus subtilis, Bacillus cereus*	β-ラクタム環の加水分解	牛乳中のペニシリンの除去（チーズの製造），医薬用
タンナーゼ（EC 3. 1. 1. 20）	*Aspergillus niger, Aspergillus flavus*	二没食子酸（digallic acid）を加水分解し没食子酸（gallic acid）を生成	ビールの清澄化
カタラーゼ（EC 1. 11. 1. 6）	*Aspergillus niger*	過酸化水素を酸素と水に分解	食品加工（殺菌・防腐），殺菌に使用した H_2O_2 の分解

EC 番号：酵素番号（Enzyme Commission numbers）

アルカリ耐性が高く，洗濯洗剤に添加する酵素に必要とされる，アルカ
リ条件下で安定した酵素活性を示すこと，界面活性剤の影響を受けない
などの点においても高い性能を示しました。このコンパクト洗剤の登場
に呼応して様々な酵素が洗剤に添加されてきました。代表的な洗剤用酵
素として，セルラーゼ，リパーゼ，プロテアーゼなどが用いられていま
す。

4.　微生物酵素の生産

　このように様々な産業分野において，変換反応を担う主役となる微生
物酵素を製造する技術のポイントを説明しましょう。まず，応用価値の
高い反応を触媒する微生物を自然界から探すことが非常に重要です。多
くの酵素の場合，生きた微生物あるいは，微生物の培養上澄液あるいは
細胞抽出液の酵素活性を調べる実験系を構築して，その酵素を持った微
生物を探索（スクリーニング）します。通常，様々な微生物種の中で，
目的の反応を触媒する酵素を持つものはごくわずかな場合が多く，この
探索を行う実験系はできるだけ多検体の微生物の酵素活性を一度に調べ
られることが望ましいとされています。そのため，このスクリーニング
系の良し悪しが，微生物酵素を実用化するための最初でかつ最も重要な
ステップと考えられています。さて，スクリーニングの結果，目的とす
る酵素を生産する微生物が探索できたら，次に，この微生物が最も酵素
を生産する培養条件を見つける必要があります。ある微生物がある酵素
をコードする遺伝子を持っていても，その酵素を彼らにとって必要な場
合に必要なだけ生産しますので，培養条件によって生産したりしなかっ
たりするのです。例えば，タカジアスターゼの生産が成功した原因には，
フスマを含有した培地で麹菌を培養すると，アミラーゼおよびプロテア
ーゼを良く生産するという発見に基づいて培養方法が最適化できたこと

が大きいと言われています。

　微生物が探索できて，目的の酵素を生産する培養条件が確立できたら，次にその酵素の性能を詳細に検討します。酵素はタンパク質でできているので，pHや温度などの環境要因によって構造が変化し，触媒機能（活性）が変化します。そこで，pHや温度などの条件による酵素活性の変化，安定性を調べ，その酵素を使用する最適な条件を決定します。また，その酵素をどのように保存して流通したらよいかを調べます。これらの検討の結果，微生物酵素を微生物に生産させて酵素剤として消費者に届けるまでのプロセスが完成するのです。

　近年の遺伝子工学の進歩に伴い，タンパク質を遺伝子的に改変することが可能となってきました。この新しい技術によって，より活性の高い酵素を高効率に微生物に生産させることも可能となっています。詳細については，第11章，第12章で記載します。

今日の微生物

ケカビ

Rhizomucor pusillus（旧名 *Mucor pusillus*）

凝乳酵素としてチーズの製造に欠かせない酵素キモシンは，元来子牛の胃からしか取り出せませんでした。ところが，1960年代東京大学農学部の坂口謹一郎博士，有馬啓博士らの研究グループがケカビから同じ反応を触媒する酵素を発見し，代用レンネット，ムコールレンニンが利用されるようになりました。当時，アメリカでは全レンネットの65％，ヨーロッパでも30％以上に，このムコールレンニンが使われていました。

ドメイン *Eukaryota*（真核生物），*Fungi* 界，*Mucorales* 目，*Mucoraceae* 科，*Rhizomucor* 属

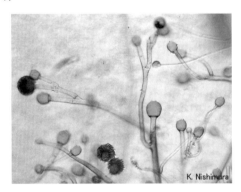

画像提供：千葉大学 MMRC

課題研究

表8-1に記載した酵素の中から興味を持ったものについて，その酵素が触媒する反応と使用される用途の関係についてインターネットや専門書を使って調べてみましょう。特定の反応を省エネルギー的に進める酵素の利点に対する理解が深まると思います。

参考文献

□喜多恵子『応用酵素学概論』コロナ社（2009年）
□小泉武夫『発酵』中公新書（1989年）
□中曽根弓夫『技術の系統化調査報告第9集』国立科学博物館（2007年）
□坂口謹一郎「日本の発酵学の一つの歩み」『土と微生物』22号（1980年）

協　力

NPO法人高峰譲吉博士研究会

9 | 分解する微生物

髙橋淳子

《**目標＆ポイント**》　微生物の最も得意とする技は，物質を分解することです。落葉が腐葉土化するのは微生物が分解しているからです。
　この様な，元々自然界で活躍していた分解力を人類は暮らしの中に取り入れました。排水処理や有害物質の分解処理などです。日頃，目にすることはありませんが，我々の暮らしと環境を陰で支える，微生物の分解力を学びます。
《**キーワード**》　物質循環，環境汚染，環境浄化，活性汚泥

1. 自然環境の維持

　地球上には動物，植物，微生物などの多くの生物が生活し，互いに関わりをもってきました。その結果として現在の地球ができあがりました。ここでも微生物は大きな役割を果たしています。微生物の多様性については第2章で学習しました。動植物の死骸や排泄物を多様な微生物が分解し，それによって生じた無機物を，植物は光合成により動物や微生物が利用できる有機物へと変換します。微生物の分解力により物質が循環し，自然環境が維持されてきたともいえます。しかし，人口の増加や産業化が進められることにより環境のバランスが崩されつつあります。これまでは微生物の分解活動だけで十分に維持されてきた自然環境が，そうではなくなってきました。そこで我々は，微生物に効率良く分解活動をしてもらうための方法を考え出し利用しています。環境の維持に有用な微生物の活動として，水の浄化，生ゴミの肥料化（バイオコンバージ

122

ョン），環境汚染の修復（バイオレメディエーション）などがあります。

2. 自然界の物質循環

　タンパク質，核酸，糖質など，生物の体を構成する有機化合物にはすべて炭素が含まれています。図9-1は自然界における炭素の循環の模式図です。炭素は大気中では二酸化炭素として存在し，植物の光合成により生物内に取り込まれて，食物連鎖により生物界全体へと広がっていきます。生物内の炭素の一部は，呼吸により二酸化炭素として大気に放出されます。動植物の死骸や排泄物の有機物はいろいろな種類の微生物により分解され，最終的には二酸化炭素となって大気中に放出されます。微生物は様々な種類の有機物を分解し，栄養源やエネルギー源として利用します。微生物が分解できない有機物は自然界に長く蓄積します。化石燃料は動植物などの死骸が地中に堆積し，酸素が少なく微生物の分解

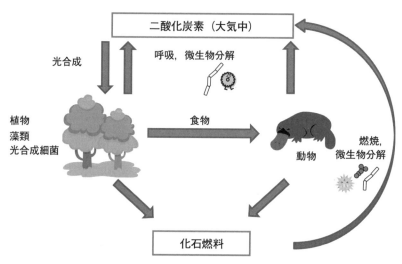

図9-1　自然界における炭素の循環

をあまり受けずに長い時間をかけて腐敗が進んで蓄積されたものと考えられています。化石燃料は燃焼により再び二酸化炭素となって大気に戻っていきます。また微生物によって分解される場合もあります。炭素だけではなく，窒素，硫黄，酸素，リン，そして鉄，銅，水銀の様な金属についても微生物がその物質循環に関わっています。

3. 微生物間の相互作用と分解

　微生物は様々な物質を分解し，自然界で物質を循環させています。この活動は，アミノ酸や抗生物質生産などの一般的な微生物の工業利用の様に，単一の微生物を用いて行われるのではありません。動植物の死骸にはいろいろな成分が含まれています。植物の死骸はセルロースが多く含まれ，動物の死骸には脂質，蛋白質，核酸が多く含まれています。多種類の化学物質のすべてを，一種類の微生物のみで分解することはできません。また，難分解性化学物質を，一種類の微生物のみで最後まで分解することは困難です。セルロースは自然状態においてはヘミセルロースやリグニンと結合して存在します。植物の木質部にみられるリグノセルロースのような複雑な化合物は複数種類の微生物によって効率よく分解されます。物質の分解には，多種類の微生物が競争，共生，寄生，補食など，いろいろな相互作用により関与します。

4. 水の浄化と水質の指標

　我々の生活によって生じる汚水や下水には，台所の洗い物の水や，風呂や洗濯による石けん水，またトイレから出る排泄物などがあります。これらの量が少ない時代には自然に放出して，土壌や水の中の微生物に分解してもらっていました。現在は，とても多くの汚水や下水が出ることから，そのまま自然に放出すると微生物の分解力だけでは充分な分解

ができず，環境汚染へとつながります。そこで，微生物の分解する力を汚水処理場などで利用しています。小さな繊維や紙片，野菜くずなどの固形物を分解して水に溶ける物質にする微生物，その次に溶けている物質をさらに細かく分解して人間や環境に害にならず，人間が回収しやすくする物質に変える微生物の力を利用します。

　微生物による水の浄化を評価する方法として，BODとCODがあります。BOD（生物化学的酸素要求量，Biochemical oxygen demand）は，水中の有機物などの量を，その酸化分解のために微生物が必要とする酸素の量で表したものです。単位は1L中の酸素重量（mg）です（Omg/Lまたはmg-O_2/L，通常mg/Lと記されます）。一般に，BODの値が大きいほど，その水質は悪いといえます。COD（化学的酸素要求量，Chemical oxygen demand）は，水中の被酸化性物質を酸化するために必要とする酸素量で示したものであり，酸素消費量とも呼ばれます。単位はppmまたはmg/Lを使用します。被酸化性物質は，各種の有機物と亜硝酸塩，硫化物などの無機物があり，主な被酸化性物質は有機物です。BODとCODの違いは，CODが有機物と無機物，両方の要求酸素量であるのに対し，BODは生物分解性有機物のみの酸素要求量であるという点です。CODは30分～2時間程度の短期間で求められるのに対し，BODを求めるには長い時間を要するため，CODがBODの代替指標として用いられることもあります。生物分解性有機物のみの酸素要求量，つまりBODの高い排水ほど，生物学的な処理が適切です。また，充分にBODの低下した水は環境に放出しても，汚染を引き起こすことが少ないと期待されます。

（1）活性汚泥法

　好気的で生物学的な汚水の処理法として，最も多く利用されている方

法が活性汚泥法です。活性汚泥法を利用した汚水処理場は，日本では1930年に運転が開始されました。汚水に含まれる有機物は，好気性微生物群を主成分とする活性汚泥より浄化されます（口絵9-1）。活性汚泥中にはバクテリア，アーキア，酵母，糸状菌，放線菌，微細藻類などの各種微生物，原生動物，後生動物の集合体が数 mm 程度の綿くず状になったフロックが観察されます（口絵9-2）。これらのバクテリア，アーキア，原生動物，後生動物など多様な生物種は，互いに共生・捕食関係にあると考えられています。有機物を主体とする汚濁物質はまずフロックに物理的な作用で吸着された後に，微生物群に分解または吸収されることで汚水を浄化します。汚水処理場などの汚水浄化を行う施設では活性汚泥の管理が必要です。活性汚泥の性状は多様で，色調ひとつをとっても黄土色から黒褐色あるいはレンガ色など様々です。また，処理している汚水の成分，季節，あるいは装置の運転条件によっても活性汚泥は変化します。有毒な物質を大量に与えると活性汚泥は活性を失い，時には死滅します。しかし少量ずつ次第に濃度を上げて与えることで，重金属やシアン，化学薬品などに耐性をもった活性汚泥が育ち，場合によっては有毒物質を餌として分解することが可能な微生物が得られることがあります。これを馴養または馴致と呼び，特に工場排水処理などで有用ですが，生物種の多様性に劣り，環境条件の変化に影響されやすいために注意深い管理が必要となります。有毒物質に限らずある組成の汚水を処理していた活性汚泥を，大きく異なる組成の汚水処理に使う場合は，程度の差はありますが馴養が必要となります。排水の栄養バランスが偏っている場合にメタノールを与えることがありますが，その場合はまずメタノールに対する馴養が必要となります。

（2）活性汚泥法のフロー

　有機物を含む汚水は，固形物を沈降・除去した後に，嫌気槽（脱窒素槽）による処理を経て，酸素を与えるための水槽である曝気槽（硝化槽）に送られます。曝気槽は鉄筋コンクリートや鋼板製の水槽中に活性汚泥を入れ，送風機で空気を送り込むことにより水槽の底から気泡が出てくる様に設計されています。ここへ汚水を少しずつ流入させれば，汚水に含まれる汚濁有機物質が微生物の餌となります。流入した汚水と同じ量だけ活性汚泥を含む水があふれ出るので，沈殿槽，沈殿池と呼ばれる水槽に流し込みます。活性汚泥は比重が水よりやや重いため，底へ沈んで溜まるので，ポンプなどで曝気槽へ返します（返送汚泥）。上澄みは必要に応じて殺菌や色度の除去などの高度処理をされて，河川などに放流されます（図9-2A）。しかし，この様な従来法では水分が多くなったり糸状性細菌が増加することで活性汚泥が沈殿しにくくなり，処理水側に流失することがあります。また反応タンクに保持できる活性汚泥の濃度は最終沈殿池の大きさに依存します。そこで，処理水と活性汚泥を強制的に分離させることで，活性汚泥の流失を防ぐとともに，反応タンクの活性汚泥濃度を上げてその小型化を図り，最終沈殿池やその後のろ過や消毒を無くすことが出来る技術として「膜分離活性汚泥法（MBR法：Membrane Bioreactor）」が開発されました（図9-2B）。これは従来の沈殿池の替わりに，精密ろ過膜や限外ろ過膜を使う方法であり，微生物も除去されることから消毒装置が不要となります。一方で目詰まり，強度や耐久性の改題もありましたが，技術開発が進み国内外で普及されはじめています。汚水処理場には，これら微生物処理および微生物と処理水の分離処理を連続して行えるように設計された一連の設備が配置されています。活性汚泥法により汚水浄化を行うと，除去した有機物の50％以上が微生物に変化します。活性汚泥は微生物により有機物を分解し

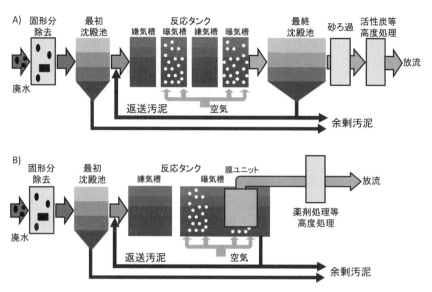

図 9 - 2　　活性汚泥法の模式図の例

A）標準活性汚泥法（沈殿法）　B）膜式活性汚泥法

ていることは事実ですが，水に溶けた有機物を微生物に食べさせて微生物として回収する方法と理解することもできます。回収された微生物は余剰汚泥となります。日本における産業廃棄物の 2 ～ 3 割は余剰汚泥です。処分するためには脱水，焼却処分，運搬と多大なエネルギーが必要です。そこで活性汚泥を肥料として有効に利用したり，メタン発酵によりガスを生成して燃料として利用する取り組みなどが行われています。

5. 生ゴミの肥料化

農業では古くから，動物の糞尿を微生物に分解させて堆肥として使用しています。堆肥はコンポストとも呼ばれますが，国によってコンポストの定義は異なります。EU ではコンポストとは制御された好気的条件

下，微生物により分解された産物で，害虫を誘引せず，不快臭をもたず，病原菌の再増殖をもたらさない有機物と定義されています。日本ではわら，もみがら，樹皮，動物の排泄物その他の動植物質の有機質物（汚泥および魚介類の臓器を除く）を堆積または撹拌し，腐熟させたものを指すことが多いです。コンポスト発酵は，典型的な自然発酵でバクテリア，アーキア，真菌類，原生動物などから構成される微生物の生態系により行われます。

　有機性の産業廃棄物からのコンポスト化は，切返しや通気により好気的な反応が進みます。生物学的に分解が困難で安定した腐植質に変換されたところでコンポスト化が完了します。焼酎，日本酒などの食品関連工場からは，大量の有機性産業廃棄物が生じます。コンポスト化により有機性産業廃棄物を有効に利用することが理想ですが，輸送費用，処理費用などの点で採算に合わないため，海洋投棄されている現状があります。しかしながら，廃棄物その他の物の投棄による海洋汚染の防止に関するロンドン条約の適用範囲が拡大するにつれて，食品産業廃棄物の海洋投棄に対しても規制が厳しくなりつつあり，微生物の分解力に対する期待が高まっています。日本でも汚泥の堆肥化，動植物性残渣の堆肥化，家畜糞尿の堆肥化などのコンポスト化を行い，肥料として販売する会社が育ちつつあります。

6. メタン発酵

　有機性廃棄物の資源化方法の一つにメタン発酵があります。これは酸素の存在しない嫌気性条件下で働く嫌気性細菌により汚泥，家畜糞尿，食品廃棄物有機物等のバイオマス資源を分解して，メタンガスを発生させ，安定化・減容化する方法で，嫌気性消化法とも言われます。メタンガスは温室効果が高くCO_2の約十倍とされていますが，自然に放出する

のではなく，回収して燃料資源とすることで地球環境を守ることにもなります。

　メタン発酵は原料となるバイオマス資源が加水分解されて，酸生成とメタン生成の段階を経てバイオガスとなります（図 9 - 3）。加水分解の段階では多糖類，たんぱく質，脂質などの高分子有機物が，単糖類，アミノ酸，脂肪酸，アルコール等の低分子有機物に加水分解されます。酸生成段階では，さらにそれが酸発酵菌によりプロピオン酸，酪酸などの中間体の有機酸になります。メタン生成段階では共生酢酸生成菌により酢酸と水素またはギ酸などが生成され，メタン生成菌によりメタンと二酸化炭素が生成されます。

　メタン発酵施設は，メタン発酵を円滑に行うために処理対象物を受け入れて，前処理装置により，発酵を阻害する薬品等や発酵不適物や分解しないプラスチック等を事前に除去します。メタン発酵槽は嫌気条件を維持する為に，密閉され熱の放散を少なくする断熱構造をしています。処理方式は固形分濃度が10％前後を対象とする湿式方式，固形分濃度が15〜40％程度のものを対象とする乾式方式があります。また，発酵温度を35℃付近で活性化するメタン生成菌による中温発酵，55℃付近で活性化するメタン生成菌により発酵を行う高温発酵などの方法があります。

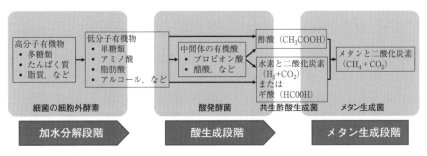

図 9 - 3　メタン発酵過程

高温発酵では有機物の分解速度が速いため，発酵槽の容量を小さくでき ますが，アンモニア阻害に弱く有機物の負荷による変動が大きいという 特徴があります。ここで作られたバイオガスはバイオガス貯留槽に貯め られます。一般的にバイオガスは，数100〜3000ppm の硫化水素を含ん でおりこれが大気汚染の原因となるため，脱硫装置により除去する必要 があります。また，発酵残渣を処理する設備や脱臭設備が必要です。

　メタン発酵による糞尿処理は処理と同時にエネルギーを得ることが出 来る方法ですが，施設費や運営経費が必要であり，継続的に安定した運 転を行う為には立地条件等の検討も不可欠です。

7. 環境汚染の修復

　微生物の物質分解能力を利用して汚染を取り除くことをバイオレメディエーション（bioremediation：remediation ＝ 修復）と呼び，大きく 分けて2通りの方法があります。1つはバイオスティミュレーション （biostimulation：stimulation ＝ 刺激），もう1つはバイオオーグメンテーション（bioaugmentation：augmentation ＝ 添加）です。バイオスティミュレーションは，汚染地域に存在する微生物の分解する力を，空気 を吹き込んだり，栄養素を与えたりして引き出す方法です。微生物が増 殖するためには，エネルギー源となる有機物が存在するだけでは不十分 であり，温度・pH・水分・酸素・栄養塩（窒素，リンなど）など様々 な環境要因が整っていなければなりません。これらのうちのどれかが欠 けていると，微生物の増殖は抑えられ，その結果として汚染物質の分解 が進まなくなります。そこで，人為的に微生物の増殖しやすい条件にす ることにより，微生物の増殖を誘導し，汚染物質の分解を促進させます。 一方，バイオオーグメンテーションは，汚染物質を分解する能力をもっ ている微生物を汚染地域に撒く方法です。汚染地域に分解微生物の数が

極端に少ない場合，あるいは全く存在しない場合にこの方法を用います。ここで用いる分解微生物は，対象となる汚染地域から単離されることもあれば，全く別の場所から単離されたものであることもあります。いずれの場合も分解微生物を大量に増殖させて，汚染地域に投入します。散布後は，バイオスティミュレーションと同様，微生物の増殖に適した条件を整えます。バイオオーグメンテーションについては，主に難分解性化学物質の汚染に対し，近年，環境汚染浄化技術としての注目が高まっており，今後の利用拡大が期待されています。しかし，特定の微生物を選択して培養されたものを意図的に一定区域に導入するため，生態系への影響や人の健康への影響を与える可能性が危惧されます。日本では，経済産業省から安全性の確保に万全を期すための利用指針が示されています。

8.　石油分解

　石油は現代社会に欠かすことのできない天然資源の一つです。エネルギー源としてだけでは無く，合成繊維や合成樹脂などの主原料としても大きな需要があります。石油は採掘，輸送，保管の各過程で環境中へ漏洩する可能性があります。石油輸送中のタンカー事故は良く耳にします。一度事故が起こると，環境汚染物質が大気，海洋，陸水，土壌に広がります。石油を分解する微生物は，大気，海洋，陸水など，自然界に広く分布しています。石油は自然から産出される有機化合物なので，大昔から自然にも存在しており，微生物の中には，石油を利用できるように進化したものがいると考えられています。海洋において石油分解の主となっているのは，菌類よりもバクテリア類だと考えられています。海水中には1 mL当たり約百万個のバクテリアが存在しており，そのうちの100個から一万個が石油分解菌だといわれています。石油汚染を受ける

メタン菌

Metanogen

メタン菌はメタン生成菌とも呼ばれ，嫌気条件でメタンを合成するアーキアの総称で，*Methanobacterium* 属，*Methanococcus* 属，*Methanosarcina* 属等があります。動物の消化器官，湖沼，水田，海底堆積物，地殻などに広く分布しており，嫌気環境での有機物分解の最終段階を担っています。第2章では90℃以上で生育できる微生物として紹介されました。常温でも生育できるものもいますが，好冷性のものはいないとされています。自然環境から大気中に放出されるメタンガスは温室効果ガスの一種で悪者になっていますが，原始の地球ではメタン菌の生成するメタンが地球を暖めることで，生物の住める環境になったとも考えられています。地球外にも大気の成分にメタンが含まれる惑星や衛星が存在しており，地球外生命としてメタン菌が存在するかも知れません。

画像提供：独立行政法人製品評価技術基盤機構バイオテクノロジーセンター

と，石油分解菌が増殖して優占化し，全体の10％以上を占めるようになります。

　石油には非常に多くの成分が含まれているため，1種類の微生物がすべての成分を分解することは不可能です。石油分解菌には，それぞれに「分解できる成分」があり，それ以外の成分は分解することができません。例えば *Alcanivorax* はアルカンを分解することができますが，芳香族炭化水素を分解することはできません。芳香族炭化水素の分解は，他の菌（*Rhodococcus* など）が担っているのです。このように，石油は複数種類の微生物の共同作業によって分解されていきます。

9. まとめ

　ここでは自然環境を維持するための微生物の役割について考えました。自然界に存在する多種多様な物質は，様々な種類の微生物によって効率良く分解され，そして循環します。しかし，人口の増加や産業化が進められることにより，地球環境のバランスが崩されつつあります。我々は自然環境を維持するために，微生物にもっと効率良く浄化活動をしてもらうための方法を考え出し，それを利用していく必要があります。

課題研究

皆さんの生活排水は多くの場合，汚水処理場に運ばれて処理されます。皆さんの家庭の生活排水を処理してくれている処理場は何処にあるでしょうか。地図などで調べてください。公的な処理場は，公開されることがありますので，次回の公開時には是非見学してください。

参考文献

□永井和夫，中森茂，堀越弘毅，虎谷哲夫『微生物工学』講談社サイエンティフィック（1996年）
□鈴木智雄（監修）『生物工学技術ハンドブック』朝倉書店（1990年）
□経済産業省「微生物によるバイオレメディエーション利用指針の解説」
http://www.meti.go.jp/policy/mono_info_service/mono/bio/cartagena/
bairemekaisetsu.pdf
□ http://www.bio.nite.go.jp/nbdc/bioreme2009/bacteria_1.html

10 | 遺伝子組換え微生物の登場

重松　亨

《目標＆ポイント》　20世紀後半に革新的な技術が登場します。遺伝子の操作技術です。遺伝子とは生物の設計図ですが，これを書き換えることが可能になりました。その結果，微生物の生産，変換，分解能力が格段に向上しました。遺伝子操作技術の基本原理を学び，遺伝子組換え微生物をどのように設計，利用していくかを学びます。

《キーワード》　遺伝子，DNA，プラスミド，形質転換，遺伝子組換え

1. 遺伝情報の普遍性と分子生物学のセントラルドグマ

　「蛙の子は蛙」と言われるように，生物の形や性質，すなわち形質が親から子へと受け継がれるということは昔から知られていました。しかし，生物の形質は，オスとメスの交雑によってまじりあいながら子へと遺伝されると考えられていました。

　1865年オーストリアのメンデル（Gregor Johann Mendel）は，エンドウマメの交配実験を行い，エンドウマメの対立する形質，例えば，子葉の色が黄色いものと緑色のもの，あるいは種子の形が丸いものとしわをもつもの，がどのように親から子へと遺伝されるかに注目しました。その結果，これらの対立する形質はまじりあうことなく，規則的にどちらかの形質が遺伝していくことがわかりました。これがメンデルの法則です。この実験の結果，メンデルはそれぞれの対立形質に対応した「遺伝をつかさどる物質」があると考えたのです。1909年にこの遺伝をつか

さどる物質を「遺伝子（gene）」と名付けたのが，デンマークの植物学者ヨハンセン（Wilhelm Ludvig Johannsen）です。しかし，当時は「遺伝をつかさどる物質」遺伝子がどのような物質であるか，つまり遺伝子の本体は分かりませんでした。

1928年，イギリスのグリフィス（Frederick Griffith）は，肺炎レンサ球菌（*Streptococcus pneumoniae*；旧名肺炎双球菌 *Diplococcus pneumoniae*）を用いて次のような実験を行いました。肺炎レンサ球菌には病原性を持たないR型と病原性をもつS型の二種類があります。S型を加熱殺菌して殺してしまえば，当然，病原性もなくなります。ところが，加熱殺菌したS型と，病原性を持たないR型と混ぜると，R型が病原性をもつS型へと変化することがわかりました。グリフィスは，この結果を，S型に含まれる「病原性を発現する遺伝子」が，病原性を持たないR型にうつり，形質がS型へと変化したものと考察しました。この発見を受けて，1944年にアメリカのアベリー（Oswald Theodore Avery）は，S型の抽出物を，デオキシリボ核酸（DNA）を分解する酵素で処理し，これをR型と混ぜたところ，R型が病原性を持つことはありませんでした。この結果によって，遺伝子の本体がデオキシリボ核酸（DNA）という物質であることが明らかにされました。

さらに，1953年，DNAが二重らせん構造をとっていることがワトソン（James Watson）とクリック（Francis Crick）らにより明らかにされました。今では，地球上の全ての細胞性生物と一部のウィルスは，その種類に関わらず，遺伝子を構成する物質としてDNAを利用していることがわかっています。DNAは長い鎖状の分子で，デオキシリボースと呼ばれる糖の一種とリン酸が交互につながった鎖と，その鎖から突き出たように結合した「塩基」と呼ばれる物質からできています（図10-1）。塩基には，アデニン（A），シトシン（C），グアニン（G），チミ

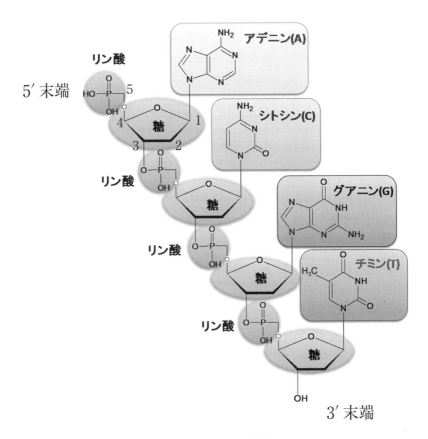

図10-1　DNA の構造

ン（T）の4種類のものがあり，この4種類の配列に遺伝情報が書き込まれています。

　それでは，この4種類の塩基の配列からどのように形質が発現されているのでしょう。まず，DNA 鎖上の塩基配列が，リボ核酸（RNA）分子にコピーされます（図10-2）。この際，A，C，GはそれぞれA，C，

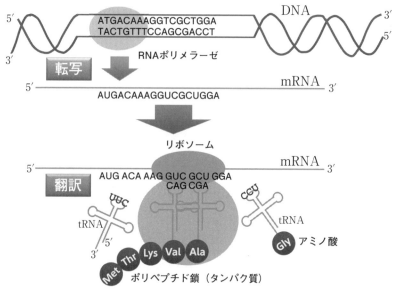

図10‐2　タンパク質生合成の機構

　Gに，Tはウラシル（U）へとコピーされます。この現象を転写といい
ます。図10‐2の例では，DNA上の「…ATGACAAAGGTCGCTGGA
…」という塩基配列が転写されて，「…AUGACAAAGGUCGCUGGA…」
という塩基配列のRNA分子ができあがっていることが分かります。こ
うしてできたRNA分子を伝令RNA（mRNA）といいます。次に，
mRNAはリボソームと呼ばれる細胞装置に入ります。リボソームでは，
mRNAの塩基配列に基づいてポリペプチド鎖（タンパク質）が合成さ
れていきます。この作業は翻訳と呼ばれます。
　翻訳時には，mRNAの塩基配列3つからなる遺伝暗号（これをコド
ンといいます）に応じたアミノ酸が転移RNA（tRNA）によって運ば
れます。この対応は，表10‐1遺伝暗号表に示した規則で決まっていま

表10-1　遺伝暗号表

		第 2 文字				
		U	C	A	G	
第1文字	U	UUU ⎱ Phe UUC ⎰ UUA ⎱ Leu UUG ⎰	UCU ⎫ UCC ⎬ Ser UCA ⎪ UCG ⎭	UAU ⎱ Tyr UAC ⎰ UAA ⎱ 終止 UAG ⎰	UGU ⎱ Cys UGC ⎰ UGA　終止 UGG　Trp	U C A G
	C	CUU ⎫ CUC ⎬ Leu CUA ⎪ CUG ⎭	CCU ⎫ CCC ⎬ Pro CCA ⎪ CCG ⎭	CAU ⎱ His CAC ⎰ CAA ⎱ Gln CAG ⎰	CGU ⎫ CGC ⎬ Arg CGA ⎪ CGG ⎭	U C A G
	A	AUU ⎱ Ile AUC ⎰ AUA ⎰ AUG　Met	ACU ⎫ ACC ⎬ Thr ACA ⎪ ACG ⎭	AAU ⎱ Asn AAC ⎰ AAA ⎱ Lys AAG ⎰	AGU ⎱ Ser AGC ⎰ AGA ⎱ Arg AGG ⎰	U C A G
	G	GUU ⎫ GUC ⎬ Val GUA ⎪ GUG ⎭	GCU ⎫ GCC ⎬ Ala GCA ⎪ GCG ⎭	GAU ⎱ Asp GAC ⎰ GAA ⎱ Glu GAG ⎰	GGU ⎫ GGC ⎬ Gly GGA ⎪ GGG ⎭	U C A G

（右端列：第3文字）

す。mRNA 上の AUG というコドンにはメチオニン（Met）というアミノ酸が対応するのですが，これが翻訳開始のシグナル（開始コドン）として使用される場合があります。図10-2では，mRNA 上の AUG が開始コドンとして使用され，メチオニンが tRNA によって運ばれて翻訳が開始されたことを示しています。続いて，ACA がスレオニン（Thr），AAG がリジン（Lys），GUC がバリン（Val），GCU がアラニン（Ala）という風にそれぞれのコドンに対応するアミノ酸が tRNA によって運ばれてメチオニンに連結されている様子が分かるかと思います。次のコドンは GGA なので，グリシン（Gly）が tRNA によってリボソームに

運ばれてきています。

　なお，UAA，UAG，UGA という 3 つのコドンはいずれも終止コドンと呼ばれ，対応するアミノ酸はなく，翻訳を終止するシグナルとして使用されます。従って，翻訳は開始コドン（AUG）で始まり終止コドン（UAA，UAG または UGA）で終わることになります。このような DNA の塩基配列として書き込まれた遺伝情報が転写と翻訳を経てタンパク質として発現する過程は，細胞をもったあらゆる生物種において共通するとされており，この考え方は分子生物学のセントラルドグマと呼ばれています。タンパク質は，生体内で様々な化学反応を進める酵素などとして，生命現象をつかさどります。そのため，どのようなタンパク質の設計図が DNA に書き込まれているかによって，その生物の形質が決定されるわけです。DNA の遺伝情報が生物の設計図とであるということもできます。

　分子生物学のセントラルドグマとして提唱された，遺伝暗号とその発現機構の生物種によらない普遍性が明らかになると，その応用として，ある生物に別の生物由来の DNA を導入することで DNA の塩基配列を書き換えれば，本来その生物がつくることのできないタンパク質を生合成することも可能ではないだろうか，という可能性が想起されました。しかし，このアイデアが現実のものとなるのは1970年代になってのことでした。

2. 形質転換と宿主―ベクター系

　ある細胞に別の細胞由来の遺伝子が入ることでその細胞の形質が変化することを形質転換といいます。形質転換が発見された最初の例が，先述のイギリスのグリフィス，アメリカのアベリーによる，病原性をもたない肺炎レンサ球菌の R 型が病原性を持つ S 型へと変化した結果です。

◆宿主と同じ種の微生物のDNAを導入した場合 ⇒ 形質転換が起こる

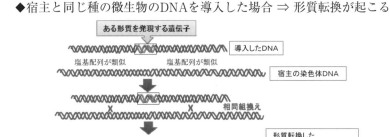

◆宿主と異なる種の微生物のDNAを導入した場合 ⇒ 形質転換が起こらない

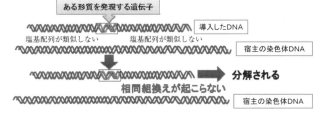

図10‐3　初期の形質転換のしくみ

　その後，この形質転換が枯草菌（*Bacillus subtilis*）などの他の微生物でも生じることも分かってきました。その結果，この形質転換は微生物の遺伝子の解析や改良に応用されましたが，同時に，この方法では同種の細菌菌株間でしか形質転換が生じないという限界も示されました。

　形質転換が同種の細菌菌株間でしか生じない原因は，以下のように説明されています（図10‐3）。ある細菌（宿主）の細胞内に外部から宿主と同じ種の微生物のDNAを導入した場合，宿主細胞の染色体DNA上に，導入したDNAと相同的な（塩基配列が類似した）領域があるので，そこで組換えが生じて導入したDNAの一部が宿主細胞の染色体に組み込まれ，遺伝することができます。しかし，異なる種の微生物の

DNA を導入した場合には相同的な領域がないため，宿主細胞の染色体に組み込まれることができず，細胞内で分解されてしまいます。そこで，導入した DNA を細胞内で安定して存在させる方法の確立が，異種遺伝子の導入のための大きな課題となってきました。

　大腸菌などの細菌の細胞には，染色体 DNA の他に，プラスミドと呼ばれる比較的短い環状の二本鎖 DNA が存在することがあります。プラスミドはそれが存在する宿主細胞の生育や増殖に必須ではありませんが，抗生物質耐性などのオプションとしての機能を発現する遺伝子を含んでおり，また自己複製能をもつため子孫の細胞に遺伝します。そこでもし，異種 DNA をこのプラスミドの一部に組み込むことができれば，宿主細胞中でも分解されずに安定して存在させることができるはずです。

　1973年，アメリカのコーエン（Stanley Cohen）らは，試験管内でDNA 断片をプラスミドに連結したものを用いて大腸菌を形質転換させることに成功しました。彼らは，*Eco*RI などの制限酵素と呼ばれる酵素をDNA に作用させるとある特定の塩基配列の部分（*Eco*RI の場合，GAATTC という塩基配列）のみを決まった様式で切断すること，そして，同一の制限酵素で断片化した DNA 同士は DNA リガーゼという酵素の作用で連結することを利用して DNA の断片化とプラスミドへの連結を行いました（図10-4）。コーエンらはこの方法で，テトラサイクリンという抗生物質に耐性を示す遺伝子をもつプラスミドに，別の抗生物質であるカナマイシンに耐性を示す遺伝子を含む DNA 断片を連結した新しいプラスミドを構築しました。構築したプラスミドを用いて形質転換した大腸菌は，この２つの抗生物質に抵抗性を示しました。この研究成果によって，プラスミドを異種遺伝子の乗り物（プラスミドベクター）として利用する技術が確立されたわけです。また，この技術は，プ

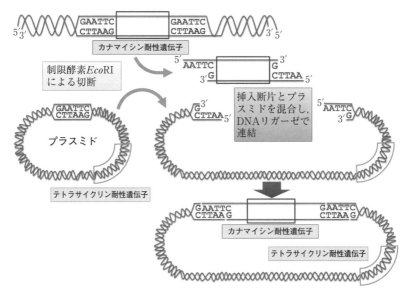

図10-4　プラスミドベクターへのDNA断片の連結

ラスミド上にあるDNA断片を連結し大腸菌に遺伝させる，いわゆるクローン化の最初の例にもなりました。

　あるプラスミドが宿主とできる微生物は決まっています。そこで，この技術の適用範囲を拡大するため，様々な微生物の持つプラスミドが探索されました。枯草菌（*Bacillus subtilis*），*Pseudomonas*属細菌，出芽酵母（*Saccharomyces cerevisiae*）など種々の微生物を宿主とできるプラスミドベクターが構築され，これらの細胞を宿主とした宿主—ベクター系が開発されてきました。一例として，大腸菌で一般的に用いられてきたプラスミドの制限酵素地図を図10-5に示します。プラスミド以外にも，細菌に感染するウイルス（バクテリオファージ）を利用したファージベクターも開発され利用されています。一方で，数多くの制限酵素

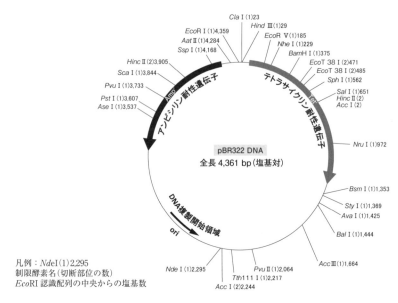

図10-5　プラスミドベクターpBR322の構造（制限酵素地図）

も発見され，様々な塩基配列部位を狙って切断することが可能となりました。こうして，遺伝子組換え技術の基盤が形成されていきました。

3. 遺伝子組換え微生物利用技術の誕生

　遺伝子組換え技術の発達とともに，様々な生物由来の有用なタンパク質をコードする遺伝子を微生物に導入し，微生物の活発な増殖能を利用して，有用タンパク質を量産できる可能性が注目されてきました。つまり，分子生物学のセントラルドグマの普遍性を利用して，微生物細胞を一種のタンパク質生産工場にしようという考え方です。コーエンらの発表の4年後の1977年，アメリカのシティオブホープ国立医療センターの板倉啓壱らは，化学合成したDNAをプラスミドベクターに挿入し大腸

今日の微生物

肺炎レンサ球菌

Streptococcus pneumoniae

イギリスのグリフィス，アメリカのアベリーは，この細菌の病原性を
示すS型と病原性を示さないR型を用いて，形質転換が生じること，
そして，遺伝をつかさどる物質（遺伝子）の本体がデオキシリボ核酸
（DNA）であることを明らかにしました。これらの研究により，その
後に登場する遺伝子組換え技術の礎が築かれました。

ドメイン *Bacteria*（細菌），*Firmicutes* 門，*Bacilli* 綱，*Lactobacillales* 目，
Streptococcaceae 科，*Streptococcus* 属

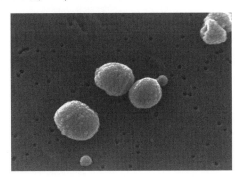

画像提供：CDC

菌に導入することで，14個のアミノ酸からなるペプチドホルモンの一種ソマトスタチンの生産に成功しました（図10‐6）。こうして製造されたソマトスタチンは，巨人症における血中成長ホルモンの過剰を抑制する治療薬として応用されました。これが，遺伝子組換え技術の医療への応用の最初の例となっています。

　その後1979年，板倉らの研究グループはヒトのインスリン（インシュリン）タンパク質をコードする遺伝子を大腸菌にクローン化することで，大腸菌にヒトのインスリンを生産させることに成功しました（図10‐7）。ヒトのインスリンは，A鎖とB鎖からできていますが，彼らは，それぞれの鎖をコードするDNAを化学合成し，別々にプラスミドベクターに連結して，大腸菌にクローン化し，大腸菌内でつくらせました。大腸菌が生産したそれぞれのペプチドを精製し，還元反応，再酸化反応によりジスルフィド結合（S‐S結合；アミノ酸に含まれる硫黄原子同士がつながった結合）を形成させて，ヒトのインスリンを生産すること

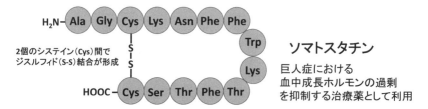

図10‐6　遺伝子組換え大腸菌によるソマトスタチンの製造

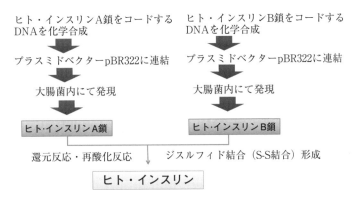

図10-7　遺伝子組換え大腸菌によるヒト・インスリンの製造

に成功しました。それまで使用されていたブタやウシの膵臓から抽出されたインスリンに比べて，副作用もなく安価に製造できるため，糖尿病の治療に革新をもたらした成果です。

　このように，遺伝子組換え微生物を利用した技術は，医療面で有用なペプチドやタンパク質の微生物による生産に使用されるところから始まりました。その後，遺伝子組換え技術の発展と共に，それ以外の産業領域においてもこの技術が応用されていきます。次章では，遺伝子組換え技術の発展に伴ってうまれた，微生物あるいは生物を用いた新しい技術について述べたいと思います。

課題研究

1970年代の10年間は，遺伝子組換え技術の誕生の原動力となった様々な，そして非常に重要な研究発表が集中しています。主なものとして以下の事例があげられます。

1973年　コーエンらのプラスミドへのDNA断片の連結技術開発

1975年　サザンのハイブリダイゼーション法開発

1977年　板倉らのソマトスタチンの生産法開発，DNAの塩基配列の解読法の開発（サンガーら，マクサムおよびギルバート）

1979年　板倉らのヒト・インスリンの生産法開発

これらの内から興味をもったものについて，インターネットや文献を利用しながら詳しく勉強してみてください。新しい時代をつくった当時の研究者の雰囲気の一端を垣間見ることができると思います。

参考文献

□魚住武司『遺伝子工学概論』コロナ社（1999年）

□J. D. Watson, F. H. C. Crick "Molecular structure of nucleic acids" Nature, 171 (4356), 737-738 (1953)

□S. N. Cohen "DNA cloning : a personal view after 40 years" Proc. Nat. Acad. Sci. USA, 110 (39), 15521-15529 (2013)

□K. Itakura, T. Hirose, R. Crea, A. D. Riggs, H. L. Heyneker, F. Bolivar and H. W. Boyer "Expression in *Escherichia coli* of a chemically synthesized gene for the hormone somatostatin" Science, 198 (4321), 1056-1063 (1977)

11 | 遺伝子組換え（微）生物を用いた 新しい技術

重松 亨

《目標＆ポイント》　遺伝子組換え技術により，ブタのインシュリン（インスリン）を毎日利用していた糖尿病患者は，微生物が生産するヒト・インスリンを利用できるようになりました。こうして始まったバイオ医薬品は，タンパク質工学の進歩に伴って抗体医薬品へと発展しました。一方，遺伝子組換え技術を応用した食品も登場してきました。このように，遺伝子組換え技術によって可能となった新しい技術を学びます。

《キーワード》　バイオ医薬品，サブユニットワクチン，抗体医薬品，遺伝子組換え食品添加物，遺伝子組換え作物

1. 遺伝子組換え技術の発展

　第10章「遺伝子組換え微生物の登場」では，DNA からタンパク質へと遺伝情報が伝わるしくみの普遍性に基づいて，ある微生物において，人間を含む他の生物のタンパク質をつくらせることが可能となったことを学びました。この遺伝子組換え技術が登場した当初は，ヒト由来のインスリンを微生物に生産させるなど，この技術により他の生物由来のペプチドやタンパク質を製造して医薬品として応用することが主流でした。その後，分子生物学の発展に伴って，組換えに用いる遺伝子を人工的に改変し，より効果的な医薬品を製造することが可能となりました。また，この技術は医療分野に限らず，食品分野においても応用されるようになってきました。食品分野における有用酵素などを微生物に製造さ

せる技術が登場しました。さらに，植物など微生物以外の生物を宿主と
した遺伝子組換えが可能となったことで，食品の原料である農作物の改
良にもこの技術が応用されるようになりました。

2. バイオ医薬品の登場

　板倉啓壱らによるヒト・インスリンを組換え大腸菌につくらせる実験
の成功は，直ちに医薬品の生産へ応用されました。そして1982年，アメ
リカのイーライリリー社が大腸菌や酵母にヒトのインスリン遺伝子を導
入することでヒト型のインスリンを大量生産することに成功し「ヒュー
マリン」として販売を開始しました（図11-1）。これが世界初のバイ
オ医薬品の実用化事例となりました。医薬品として価値のあるタンパク
質やペプチドは，人間や動物から取ろうとすると十分な量を製造するこ
とが難しい場合が多く，遺伝子組換え技術はこれらの物質の生産に革命
的なインパクトを与えました。1990年代に入ると，遺伝子組換え微生物
を用いたタンパク質やペプチドの医薬品への応用が活発に行われること
になりました。こうして製造
された医薬品は第一世代のバ
イオ医薬品と呼ばれています
（表11-1）。赤血球を増やす
作用をもつエリスロポエチ
ン，白血球の減少を抑制する
顆粒球コロニー刺激因子
（G-CSF）などが開発され，
これらも次々に実用化されま
した。

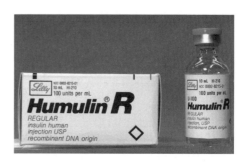

**図11-1　遺伝子組換え技術によるヒト
インスリン製剤「Humulin R」**
Credit Line : Eli Lilly and Company（through Carol
Edgar）
Data Sourse : National Museum of American History

　人間や動物由来のタンパク

表11-1　第一世代のバイオ医薬品

分　類	タンパク質・ペプチド名	用いられる病気・症状	生体内でのはたらき
ペプチドホルモン・成長因子	インスリン	糖尿病	血糖の抑制
	ソマトロピン	成長ホルモン分泌不全性低身長症など	身体成長促進
サイトカイン	インターフェロン	抗ウイルス・抗がん剤	ウイルス増殖の阻止や細胞増殖の抑制
	顆粒球コロニー刺激因子（G-CSF）	好中球減少症	白血球の減少の抑制
血液関連タンパク質・因子	エリスロポエチン（EPO）	腎性貧血	赤血球の産生の促進
	血液凝固第Ⅷ因子	血友病	血液凝固の促進

質を遺伝子組換え微生物に生産させた場合，タンパク質の中には糖鎖が付加されない等の原因により，本来の正しい構造および機能を示さない場合があります。ウイルスのゲノムを異種遺伝子を細胞に導入するための乗り物として用いた，いわゆるウイルスベクターの開発により動物細胞への遺伝子導入および発現が可能となると，この問題が解決され，動物細胞を宿主としたバイオ医薬品の製造が活発に行われるようになりました。

　これらの生理活性をもつタンパク質やペプチド以外に，ワクチンの製造にも遺伝子組換え技術が応用されています。私たちの体には，ウイルスや微生物などの外敵が体内に侵入した場合に，これらを攻撃して身を守る防御機構がはたらいています。これが免疫システムです。この免疫システムがはたらいて，ウイルスや病原性細菌などの外敵を攻撃する抗体がつくられると，以後は，同じ外敵が体内に侵入しても，すぐに抗体

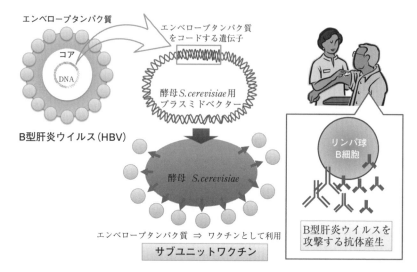

図11-2　B型肝炎ウイルスのサブユニットワクチン

をつくりだして外敵を攻撃・無毒化することができます。そのため，病原性微生物や，ウイルスに対して特異的に作用する抗体をつくることができれば，効果的な治療につながります。しかし，抗体をつくるためには，外敵を生体内に取り込ませる必要があり，それでは病気になってしまいます。

　ワクチンは，ウイルスや病原性細菌などの全部または一部を用いてその病原性をなくしたものです。これを生体に投与することで抗体生産を誘導し，病原体の感染に対して抵抗力をもたせる治療法です。遺伝子組換え微生物細胞に病原体の表面タンパク質など抗体の誘導に必要な成分だけを生産させてこれをサブユニットワクチンとして使用する技術が生まれました。B型肝炎ウイルスのサブユニットワクチンを酵母 S. cerevisiae を宿主とした遺伝子組換え技術によって製造することが可能

となりました（図11‑2）。1986年にこのサブユニットワクチンに対して米国で使用認可が出され，遺伝子組換え技術で製造したワクチンとして最初の例となりました。また，口内炎や性器ヘルペスを引き起こす単純疱疹ウイルス（HSV）のサブユニットワクチンが動物細胞の発現系を用いて製造されています。

3. タンパク質工学とバイオ医薬品の発展

　タンパク質の化学修飾やアミノ酸配列の計画的な改変によって，タンパク質の構造や性質を変えることをタンパク質工学と言います。DNAの塩基配列を改変する部位指定変異法が登場し，タンパク質のアミノ酸配列の改変は遺伝子の塩基配列を変えることで容易に行うことができるようになりました。その結果，タンパク質の構造を一部改変することで生体内での機能を高める技術が模索されるようになります。こうして，がん細胞などがもつ特定の受容体などと結合してその機能を修飾する新しいタイプのバイオ医薬品が登場しました。これが抗体医薬品で，第二世代のバイオ医薬品に分類されます。抗体医薬品は，例えば，抗体の抗原結合部位をコードする遺伝子とヒトの免疫グロブリン（IgG）遺伝子を連結して作成されます。こうして作成したヒトに投与しても問題のない抗体を静脈から注射し，標的細胞の表面にある特定のタンパク質と1対1で結合させます。抗体に結合した特定のタンパク質はその機能を失うため，治療効果が期待されます。ある種の乳がんの細胞には，表面にHER2と呼ばれるタンパク質が多数つくられています。このHER2と特異的に結合する抗体を投与することで，HER2のはたらきを抑えることで乳がん細胞の増殖を抑えることができます。この仕組みでがん細胞だけを狙った治療が可能となりました。この抗体医薬品「trastuzumab」（商品名 Herceptin）は米国のジェネンテック社によって開発され，ア

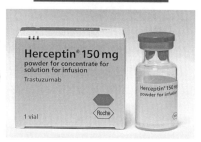

HER2に特異的に結合する抗体(トラスツズマブ)

HER2
タンパク質

乳がん細胞

増殖して乳がんが進行

乳がん細胞

がん細胞の増殖を抑える

アメリカのジェネンテック社によって開発

● アメリカ食品薬品局FDA承認（1998年）
● EU欧州医薬品庁EMA承認（2000年）
● 日本医薬品医療機器総合機構PMDA
　承認（2001年）

画像提供：Science Photo Library／アフロ

図11 - 3　抗体医薬品「trastuzumab」の開発

メリカ食品医薬品局（FDA）が1998年に，EUの欧州医薬品庁が2000年に，そしてわが国の医薬品医療機器総合機構が2001年にそれぞれ承認した世界初の抗体医薬品です（図11 - 3）。わが国でも中外製薬が大阪大学と共同開発した「tocilizumab」（商品名 Actemra）は関節リウマチなどの自己免疫疾患の治療薬で，2005年に日本発の抗体医薬品第一号として発売を開始しました。

　抗体医薬品は，大きく分けて，①マウスの抗体を用いるもの，②マウスの抗体が30〜40％残りがヒトの抗体で構成されるキメラ抗体を用いるもの，③マウスの抗体が10％残りがヒトの抗体で構成されるヒト化抗体を用いるもの，④完全にヒトの抗体を用いるもの，の4種類があります。前述の Herceptin，Actemra はいずれもヒト化抗体を用いた抗体医薬品

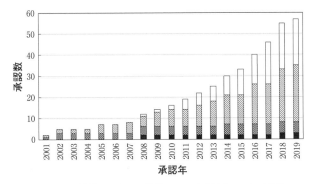

図11-4　2019年5月1日までにわが国で承認された
抗体医薬品

です。ヒト抗体の割合が大きいほど，体内で異物としてアレルギー反応
を起こさないので安全性が高いと考えられています。2019年までにわが
国で承認されている抗体医薬品を図11-4に示しました。この20年の間
に，実に57もの抗体医薬品が承認されています。また，ヒト化抗体およ
び完全ヒト抗体の割合がどんどん大きくなっていることが分かります。
　こうした，抗体医薬品に代表される第二世代のバイオ医薬品の次に，
現在は，タンパク質の代わりに，特定の立体構造をもつRNA（アプタ
マー）を薬として利用する第3世代のバイオ医薬品開発も進んでいます。
この分野の技術開発は分子生物学の進歩に伴って加速を続けています。

4．食品分野における遺伝子組換え技術の利用

　第8章「変換する微生物」において，チーズの製造にかかせない凝乳
酵素としてケカビの代用レンネット（ムコールレンニン）を紹介しまし
た。元来，チーズの凝乳酵素には子牛の胃から分泌されたキモシンが使

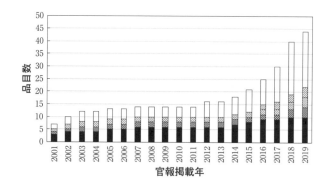

図11-5 2019年11月12日までに安全性審査の手続を経た旨の
公表がなされた遺伝子組換え添加物

われていました。チーズの品質を考えると，代用レンネットよりも子牛
のキモシンを用いた方が良いとされています。そこで，1980年代に子牛
由来のキモシンをコードする遺伝子がクローン化されて大腸菌での生産
が達成されました。しかし，大腸菌内でキモシンの過剰生産を行うと活
性を示さないキモシンの凝集物（封入体）として生産されることがわか
り，尿素による可溶化と pH を制御しながらの透析法などにより，活性
なキモシンを得る技術が開発されました。1990年，アメリカ食品医薬品
局（FDA）は組換え DNA 技術によって大腸菌で生産されたウシ由来
のキモシンを酪農製品に使用することを許可しました。キモシンは人間
が食べるために許可された最初の遺伝子組換え技術利用タンパク質とな
ったのです。1994年にわが国の厚生省も，宿主が大腸菌の遺伝子組換え
キモシンと酵母 *Kluyveromyces lactis* の遺伝子組換えキモシンを認可し
ました。これにより，これらのキモシンが国内市場にも流通されること
になりました。この事例に続いて，食品添加物として有用な酵素などが，

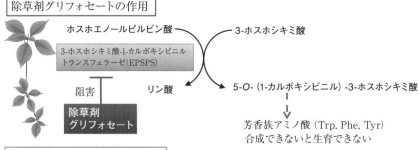

図11-6　遺伝子組換え技術による除草剤耐性作物の作出

主に生産性の向上を目的として遺伝子組換え技術により生産されています。2019年までに，わが国で販売・流通が認められている組換え食品添加物は増加の一途を辿っており，α-アミラーゼ，キモシン，プルラナーゼ，ホスホリパーゼ，リパーゼ，グルコアミラーゼ，α-グルコシルトランスフェラーゼ，リボフラビンなど，18種類44品目となっています（図11-5）。

　植物の細胞への遺伝子組換えが可能となると，食品の原料である農作物への遺伝子組換え技術の応用が発達しました。除草剤の一つグリフォセートは，植物の芳香族アミノ酸合成に必須な3-ホスホシキミ酸-1-カルボキシビニルトランスフェラーゼ酵素（EPSPS）を阻害することによって植物を枯らす効果を示します。1996年に米国モンサント社によって，グリフォセートに阻害を受けない土壌細菌 *Agrobacterium*

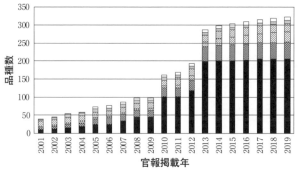

図11−7　2019年11月12日までに安全性審査の手続を経
た旨の公表がなされた遺伝子組換え食品

tumefaciens の EPSPS 遺伝子を導入された遺伝子組換え大豆が開発さ
れました（図11−6）。これによって，作物の生産効率が向上し，現在
では同様の方法で，大豆，トウモロコシ，綿，ナタネの除草剤耐性組換
え作物が生産されています。

　Bacillus thuringiensis は，蛾の幼虫に対してよく効く殺虫性のタンパ
ク質を生産します。この遺伝子をトウモロコシ，ジャガイモ，綿に導入
して害虫抵抗性を付与した作物が生産されています。現在までに，除草
剤耐性，害虫抵抗性，ウイルス抵抗性などの形質を付与された作物が生
産され，続々と日本に輸入されています。2019年までに，わが国で販
売・流通が認められている食品用の組換え作物は 8 種類で322品種とな
っています（図11−7）。添加物同様，増加の一途を辿っていることが
分かります。現在のところ，日本国内では遺伝子組換え作物は商業的に
は栽培されておらず，アメリカ，ブラジル，アルゼンチン，カナダ，そ
してインドで栽培されたものが輸入されています。

今日の微生物

アグロバクテリウム
Agrobacterium tumefaciens

Agrobacterium tumefaciens は，植物に感染し，クラウンゴールと呼ばれる虫こぶ状の腫瘍を起こす，植物の病原性細菌です。この細菌は「Ti プラスミド」というプラスミドを細胞内に保持しており，植物に感染する際にこのプラスミドの一部（T-DNA）を植物細胞に注入し，この T-DNA 領域は相同組換えによって植物細胞のゲノムに挿入されます。この性質が植物の遺伝子組換えに利用されてきました。

アメリカのモンサント社はグリホサートを有効成分として含む除草剤を開発しました。植物の3-ホスホシキミ酸 -1- カルボキシビニルトランスフェラーゼ（EPSPS）のはたらきを阻害することで植物を枯らします。しかし，この細菌の EPSPS はグリホサートの阻害を受けないため，この細菌の EPSPS の遺伝子を作物に導入することで，除草剤耐性を付与するのに利用されています。

ドメイン *Bacteria*（細菌），*Proteobacteria* 門，*Alphaproteobacteria* 綱，*Rhizobiales* 目，*Rhizobiaceae* 科，*Agrobacterium* 属

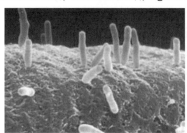

Agrobacterium tumefaciens（左）とクラウンゴール（右）
Courtesy Dr. Martha C. Hawes, University of Arizona

課題研究

遺伝子組換え技術の発展によって，医薬品や食品を中心とした様々な遺
伝子組換え製品が流通されています。同時に，特に食品について，組換
え技術を用いた製品の安全性が議論されています。興味を持った遺伝子
組換え食品について，その安全性がどのように議論され，流通・販売が
認められているかについて調べてみましょう。

参考文献

□魚住武司『遺伝子工学概論』コロナ社（1999年）

□ A. N. グレイザー，二階堂溥『微生物バイオテクノロジー』培風館（1996年）

□西村尚子「新たなるバイオ医薬品開発—最前線レポート」『Nature 日本語版
Focus』（2012年6月30日）http://www.natureasia.com/ja-jp/nature/ad-focus/
detail/110630/1

□国立医薬品食品衛生研究所「生物薬品部」ホームページ http://www.nihs.go.jp/
dbcb/

□木村光「遺伝子組換え食品と安全性の考え方」『蛋白質核酸酵素』42（16），
2654-2660（1997年）

□厚生労働省医薬・生活衛生局食品基準審査課「安全性審査の手続を経た旨の公表
がなされた遺伝子組換え食品及び添加物一覧」厚生労働省『遺伝子組換え食品』
ホームページ https://www.mhlw.go.jp/stf/seisakunitsuite/bunya/kenkou_
iryou/shokuhin/bio/idenshi/index.html

12 | 解読される微生物遺伝子

井口晃徳

《**目標＆ポイント**》　第11章では遺伝子組換えによって可能になった様々な技術について学びました。微生物をはじめ様々な生物がどのような遺伝情報を持つのか，それらを明らかにすることができれば，遺伝子組換え技術をはじめ，生命科学は飛躍的に発展を遂げることが可能となるでしょう。現在までに培養されている微生物（原核生物）は地球上に生息する微生物の１％に満たないと言われています。ヒトの細胞数はおよそ37兆個，遺伝子総数はおよそ２万５千個（またはそれ以下）です。ちなみにヒトの腸内にはおよそ数百～数千種，100兆個以上の細菌が存在し，その遺伝子の総数はヒトの持つそれの千倍以上あると言われています。ヒトに定着している微生物数がヒトの細胞数より多く，遺伝子の数まで超えられているとなると，もうどちらが主従かわかりません。ヒトに限らず，地球のあらゆるところに膨大な数の微生物は存在するわけですから，そのポテンシャルは計り知れません。現代では，DNA 塩基配列の解読技術が急速に進展してきており，既知・未知を含め多種多様な微生物の全遺伝情報（ゲノム情報）が明らかにされてきています。急速に蓄積されつつある生物の遺伝情報に関する現状と，これから予想される未来について学んでいきたいと思います。

《**キーワード**》　微生物ゲノム，DNA シークエンシング，環境メタゲノム解析，遺伝子診断，次世代シークエンス法，マイクロバイオーム

1．ゲノムとは？

　遺伝と形質については第10章で学びました。生物の遺伝情報は DNA という物質によって，親から子へと引き継がれていきます。その生物の

持つすべての遺伝情報をゲノムと呼びます。ゲノムは DNA の塩基配列に記されているわけですから，その生物の遺伝情報のすべてを知りたいと考えた場合，最初に行うことはその生物の持つすべての DNA の塩基配列（＝ゲノム配列）を解読するという作業になろうかと思います。人類はこれまでに多くの種類の生物のゲノム配列を明らかにしてきました。1995年に発表されたインフルエンザ菌（*Haemophilus infulenzae*）とマイコプラズマ（*Mycoplasma genitalium*）のゲノム解析が発表されて以来，当初は大腸菌や枯草菌といったモデル微生物，大腸菌 O-157やウェルシュ菌等の病原性微生物や，生物の進化に重要と考えられるいくつかの古細菌等が解析対象でしたが，放線菌，乳酸菌等の産業上において有用な微生物のゲノム解析も行われてきました。そして後述する次世代シークエンス装置の登場によって，非常に膨大な量の塩基配列を高速に読み取ることの可能な技術が確立したことにより，ここ十数年の間に原核生物ゲノム解析のプロジェクトが指数関数的に立ち上がり，2020年1月現在で公共のゲノムデータベースに登録されている原核生物のゲノム情報は未培養株も含めて22万以上にのぼります。これは微生物のみならず，真核生物も同様に多様な種類の生物の遺伝情報が明らかにされてきています。

2. DNA 塩基配列の解読技術

DNA 塩基配列の解読技術に関してここでお話をしておきたいと思います。DNA 塩基配列を解読することを DNA シークエンシングといいます。DNA シークエンシングにもいろいろな種類や方法・派生型がありますので，ここでは特に重要なものをピックアップして説明していきます。ここでの説明は第10章で学んだ DNA の構造に関する話ができますので，参考にしながら読み進めてください。

サンガー法

　DNAの塩基配列の決定方法の初出は1975年で，フレデリック・サンガーによって報告されたサンガー法とよばれる方法です。サンガー法には多くの派生型や改良型があり，一概にすべて同じとは言えない部分もありますが，基本的はDNAの合成酵素であるDNAポリメラーゼを使い，解読したいDNAの合成反応を行う作業が入ります。ただし，ただ普通に合成を行うのではなく，合成に必要なDNAの部品となる4種類のデオキシヌクレオチド（dATP・dGTP・dCTP・dTTP）に細工を施し，塩基特異的にDNAの合成をストップさせ，それらの長さを比較することで配列を解読します。詳しい方法についてはここでは述べませんが，サンガー法は後に説明する次世代シークエンス法が登場するまでは，多くの改良がなされ，最もよく活用されるDNAの塩基配列決定方法として認知されていました。2000年にはじめてヒトゲノムのゲノムのサイズや保有している遺伝子などが明らかとなった大よその塩基配列であるドラフト配列が発表されたときに使われた方法もサンガー法です。次世代シークエンス法と比較して，精度の高い塩基配列を決定できるといったメリットも有することから，現在でも使用されており，DNAポリメラーゼの改良や，上記の反応を96種個，同時に行う技術の開発や，蛍光の読み取り技術の向上，自動化等によって，2019年現在の最新機種を利用したものでは，装置1台あたり1日あたりおよそ2.8 Mb（M: 10^6，b: 塩基）を解析できるまでになっています。

マクサム・ギルバート法

　DNAの配列決定法としてもうひとつ有名なものとして，アラン・マクサムとウォルター・ギルバートによって1977年に報告されたマクサム・ギルバート法と言われるものです。サンガー法とほぼ同じ時期に報

告されたこの方法は，サンガー法とは異なり，DNA の特定の塩基を化学物質で修飾することで，その部位を切断しやすくすることを利用した方法です。特定の箇所（塩基）で切断された DNA 断片の長さを比較することで，塩基配列を決定します。長さを比較するという点においてはサンガー法と同様ですが，解析に必要な DNA を大量に要することや，使用する化学物質の取り扱いの煩雑さ等から次第に使用されなくなっていきました。

次世代シークエンス法

　次世代シークエンス法も現在においては，原理の異なる様々な方法が開発されており，一概にこれというものは存在しなくなりました。次世代シークエンス装置の初出となるものは，2005年に454ライフサイエンス社（現ロシュ・ダイアグノスティクス社）が発売した大規模シークエンサー454です。この方法はパイロシークエンス法を基にしており，その原理は1980年代から始まり，1990年代後半になってから実用化が始まりました。パイロシークエンス法とは，DNA が合成される際に放出されるピロリン酸を ATP に変化させて発光反応に用いることで，デオキシヌクレオチドがどれくらい DNA に取り込まれたかを定量する原理に基づいています。具体的な解読法については述べませんが，パイロシークエンス法を基とする解析法以外にも，イルミナ社やライフテクノロジーズ社等から，454ライフサイエンス社とは異なる方法での大規模な塩基配列解読を可能にする次世代型のシークエンサーが販売・実用化されてきています。この分野での技術進歩はめまぐるしく，各社は次々とモデルチェンジを加えており，例えば454ライフサイエンス社の場合は，初期の装置では総塩基配列量が 1 回の反応で20 Mb，平均解読長が0.1 kb（k: 10^3）であったのが，わずか 5 年程度で総塩基配列量が500 Mb，

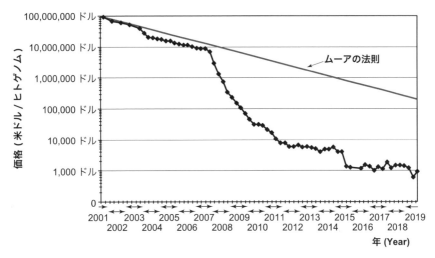

図12-1　ヒトゲノムの配列解読におけるコストの推移
出典：National Human Genome Research Institute から一部改訂

平均解読長が0.7 kb と総解読量および1本の DNA あたりの解読長がともに大幅に改善されています。なお2019年現在では，イルミナ社の最も高性能な次世代シークエンス装置を利用した解析では，1回の運転（6日間）で，1 Tb（T：10^{12}）もの配列を解読可能としています。1日あたりで計算すれば，1.66 Gb（G：10^9）です。さらに第3世代型と呼ばれる DNA シークエンス装置も販売されています。これらは従来の次世代型と比較して，解読できる DNA が非常に長く（最大で40 kb），最終的に解読した DNA を繋ぎ合わせる作業において非常に有利といった特徴を持っています。DNA の配列解読におけるコストダウンも非常に顕著です。コンピュータのコストに関する「ムーアの法則」というものが存在しますが，DNA の配列解読におけるコストダウンはさらにそれを上回ります。図12-1はヒトゲノムを解読する際にかかるコストが経時

的にどのように変化していったかを示しています。2015年以降下げ止まりしているものの，およそ20年前の2001年から比較すると，価格は1/100000にまで減少していることがみてとれます。ただし，次世代シークエンス解析の欠点として，解読の精度がサンガー法と比べて低く，精度を高めるため繰り返し解析を行う必要があるといったことも言われていることから，単純な比較は困難です。

3. 解読された微生物遺伝子の利用

　遺伝子組換え技術については別章で詳細に述べていますので割愛しますが，比較的わかりやすいところで言えば，感染症の診断です。感染症はヒトに感染する病原性微生物やウイルスによって引き起こされる疾病であることから，それらの病原性微生物やウイルスの遺伝子配列がわかっていれば，非常に簡便な方法でそれらの存在の有無や量を明らかにすることが可能です。例えば，特定の病原性微生物しか持たない遺伝子配列に対して PCR やハイブリダイゼーションという方法を活用すれば，非常に高い感度で，短時間で，高い精度を持って対象となる微生物の検査を行うことが可能です。これは病原性微生物に限らず，第5章で学んだ発酵醸造プロセスや第9章で学んだ生物処理プロセス等においても，発酵や処理に重要な微生物が予めわかっている場合なら，これらの微生物が経時的にどのように増減をしているかを把握する等，プロセスの最適化や診断等にも応用することが可能です。もっと踏み込めば，特定の微生物だけではなく，ある環境の微生物集団（＝マイクロバイオーム）がどのように変化をしていくかを明らかにすることも可能です。腸内をはじめとするヒトマイクロバイオーム研究は現在最も盛んに行われている研究の一つです。マイクロバイオームの解析方法は，過去は個々の微生物を培養し，それぞれをひとつひとつ調べていくという方法がとられ

ていましたが，現在では培養を介さず，微生物試料から DNA を丸ごと抽出し，そのまま遺伝子解析を行うことで，過去とは比較にならないほど大量の微生物遺伝子の情報を一度に入手することが可能となっています。これらの膨大な微生物遺伝子の情報から，最近の研究結果では，ヒトマイクロバイオームが健康や疾病に影響するという報告が多数上がってきており，新しい健康指標や疾病診断につながることが期待されています。

4. 環境メタゲノム解析

　1990年代のはじめに，現在実用化されている次世代シークエンサーが開発されてから，様々な個々の微生物のゲノムが明らかにされてきていることを学びました。各種微生物のゲノム情報が明らかになることで，その微生物の機能や特徴が次々と明らかにされてきています。先程マイクロバイオーム解析の説明を行いましたが，微生物はヒトに限らず地球上のあらゆる環境に存在し，その環境に特化した多様な細菌が群集を形成しています。微生物は"個"であると同時に，環境においては"集団"として存在し，多様な種類の微生物群の相互作用によってそこでの生態系が成り立っているわけです。その"微生物集団"としてもつ機能を明らかにするひとつの方法に，メタゲノム解析といわれる方法があります。"メタ"とは"高次の"を意味するギリシャ語から派生した言葉であり，メタゲノム解析とは，個々の微生物ゲノムではなく，環境中の細菌群集から DNA をまるごと抽出し，得られた雑多な微生物由来の DNA 配列を徹底的に解読することで，そこにある遺伝情報を網羅的に解析する方法です。環境中に存在する微生物のほとんどは培養が困難な細菌群で占められていることから，現状では各微生物を個々に分離して解析するには限界がありますが，この方法であれば微生物を個々に分離する必要は

168

ありません。膨大に得られる塩基配列データをバイオインフォマティクス技術（コンピュータ解析等により生物ゲノム情報を統合する技術）を駆使し，環境中の微生物遺伝子の集合体（遺伝子プール）を解析します。マイクロバイオーム解析と類似していますが，環境メタゲノム解析の場合は，解読した個々の微生物遺伝子がどの種類の微生物に帰属するものかを指定しません。微生物集団を口絵9-2において活性汚泥の微生物群が写真で示されていますが，このように顕微鏡で観察しただけではどのような微生物かを特定することはできません。ましてやそれら個々の微生物がどのような働きをしているかなど皆目見当つきません。下水処理に利用されている活性汚泥中に存在する微生物群集の理解とその効率化のために，活性汚泥中の細菌群集を標的としたメタゲノム解析等も行われています。見た目では判断のつかない微生物群を塩基配列で特定し，またそれらの微生物が有すると思われる遺伝子を調べることで，そこに存在する微生物の種類や働きを推定することができます。この研究によって下水処理時に重要となるリン除去に関わる重要な遺伝子群等が明らかにされています。他にも海洋や酸性鉱山排水，土壌等様々な環境における微生物種や遺伝子プールの記載がなされてきています。また細菌がもつ有用遺伝子探索を目的とした研究も行われ，木質を栄養源とするシロアリの腸内細菌のメタゲノム解析等が報告されています。これはバイオエタノールの生産に有用な酵素遺伝子の発見を主な目的とした研究です。

5. ゲノム解析の進展における今後の行方

　微生物ゲノム解析やマイクロバイオーム解析で得られる遺伝子配列情報は膨大（ビッグデータ）です。ビッグデータを解析する上で有効な方法は人工知能（AI）との組み合わせです。今後はAIとの融合による疾

今日の微生物

インフルエンザ菌

Haemophilus influenzae

インフルエンザウイルスと間違われやすいですが，こちらは細菌です。インフルエンザが大流行した際に，その原因菌として分離培養されたことにより，インフルエンザ菌と名付けられましたが，インフルエンザの病原体はウイルスの方ですから，この菌が原因ではないことが明らかとなっています。名前だけが残ってしまい，とんだ濡れ衣を着せられているといった可哀想 (?) な微生物ですが，病原性は持っており，重症になると敗血症や髄膜炎を引き起こすことが知られています。日本では定期予防接種の項目として Hib ワクチンの投与を行いますが，このワクチンこそ *Haemophilus influenzae*（B 型）に対してのものとなります。本章でも記しましたが，初めて全ゲノム配列があきらかとなった生物です。この微生物が最初に選ばれたのは，他の微生物と比較してゲノムのサイズが小さく，当時の技術で解析しやすかったというのも理由にあるでしょう。

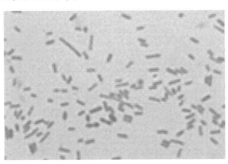

画像提供：CDC/Dr. W. A. Clark

病診断，現在の疾病のみならず，将来の疾病予想，生活習慣病の予測などがされてくる未来がくるかもしれません。特に日本においては少子高齢化に伴う医療費増大という深刻な問題を抱えています。病気まではいかないが健康ではない境界型「未病」の状態で疾病を食い止めることができれば，相当な医療費を削減できると考えられます。微生物ゲノム解析，マイクロバイオーム解析や環境メタゲノム解析は新しい疾病診断の材料・方法として重要な位置を占めてくることが予想されます。そうなった場合，遺伝情報であるDNAの塩基配列が多くの付加価値を持つようになっていきます。そうなると，これらの価値の帰属先や解読したDNA塩基配列の活用方法，遺伝子を解読することで得られる結果の保証を誰が行うのかといった問題が生じてきます。そもそも解読された遺伝子配列の精度や質は誰が保証するのでしょうか。環境メタゲノム解析と同様，これまでにない新しい科学的なデータが蓄積されていく一方で，これらのデータの取り扱い方をどのように考えていくかが今後の課題になっていくでしょう。

　微生物の遺伝子からは話が少し逸れますが，多様な生物のゲノム解析が進むにつれて，私たちの生活も大きく変わろうとしています。ゲノムが明らかになることで遺伝子診断が一層注目を浴びるようになると思われます。ある種のガン検査やダウン症診断等においてはすでに遺伝子診断は行われてきてはいますが，これはあくまで限定的な使い方です。近年のゲノム解析の進展により，個人のヒトゲノムが明らかにされるようになれば，様々な病気の遺伝子マーカーが明らかにされるようになるかもしれません。2013年にアメリカの女優であるアンジェリーナ・ジョリーが乳がんのリスクを抑えるために乳房切除手術をしたというニュースが流れました。その判断は遺伝子検査に起因します。彼女の持つある種の遺伝子に変異が見つかり，この変異があると乳がんのリスクが急激に

上がると言われています。最近においてはゲノム情報を利用した美容サービス等があります。つまり個人の肥満や体質に関わると考えられる遺伝子を調べ，遺伝子情報からその人の体質に適した美容サービスを提供するというものです。一方で遺伝子の変異の意味がまだ未解明であることも多く，今後より多くのゲノム情報が集まると，更に正確なことがわかってくると考えられます。また遺伝子診断は，病気の治療という観点の他に，性格や資質，体格等様々な情報がわかる「究極の個人情報」とされています。つまり生まれたときに検査をしてしまえば，その人の能力が明らかになるという可能性もあります。「もって生まれた才能」が科学的に証明される日が来るかもしれませんが，一方で職業選択や先天的な遺伝病等で差別を受けるなど，倫理的な問題も生じてくるかもしれません。また個人のゲノムデータの管理も重要な今後の問題になってくると考えられます。ゲノム情報が得られることによるメリットとデメリットを理解し，正しい理解と個人の責任において，正しくこれらの情報を利用していくことが重要になってくるでしょう。

課題研究

1. ゲノム解析の発展によって，現在までに様々な微生物のゲノムが解き明かされています。興味を持った微生物について，ゲノム情報が調べられているかを，以下ウェブサイトを参照に調べてみましょう。

2. 微生物に限らず，あらゆる生命のゲノム情報が解き明かされてきています。このようなゲノム情報が解明されていくなかで，多くの恩恵を受けることはほぼ間違いないですが，一方で多くの問題も出てくることが考えられます。ゲノム情報が明らかにされていく中でどのような問題が生じてくるでしょうか，考えてみましょう。

参考文献

□ National Human Genome Research Institute
https://www.genome.gov/about-genomics/fact-sheets/DNA-Sequencing-Costs-Data/（最終閲覧日：2020年3月23日）
□ Genomes Online Database (GOLD), Joint Genome Institute
https://gold.jgi.doe.gov/（最終閲覧日：2020年3月23日）
□イルミナ株式会社
https://jp.illumina.com/（最終閲覧日：2020年3月23日）
□玉木秀幸，鎌形洋一「環境ゲノム情報時代の未知微生物探索研究」『化学と生物』Vol. 50, No. 10（2012年）

13 | 温故知新，発酵食品からの発見

岩橋　均

《**目標＆ポイント**》　発酵食品が特定の微生物の働きによって育まれることは第4と第5章で学びました。現在の多くの発酵食品は，微生物を人工的に添加することによって作られますが，元々は微生物を添加しない自然発酵に依るものでした。現在でも自然発酵に依る発酵食品が作られています。しかしながら，我々はすでに，自然界には多くの微生物がいることを第2章で学んでいます。本当に特定の微生物だけが生育しているのでしょうか。なぜ特定の微生物だけが生育してくるのでしょうか。現在の技術がそのことに応えてくれようとしています。新しい発見も期待されています。また，発酵食品の味を構成するアミノ酸にも新しい情報が蓄積されています。

《**キーワード**》　自然発酵，遺伝子，微生物生態，次世代シークエンサー

1. 菌叢解析

　菌叢解析とはどのような微生物が存在しているかを解析することです。第12章で学んだように，微生物に関する遺伝子の情報が蓄積されてきたこと，さらに，遺伝子の解析手法が飛躍的に進歩したことで，菌叢解析も飛躍的に進んでいます。土壌，河川，食品，便などに含まれる微生物を，これらの試料から遺伝子を抽出することで，試料に含まれる微生物を推定することが可能になりました（図13-1）。発酵食品は微生物によって発酵されますので，発酵食品や発酵途中の発酵食品から遺伝子を抽出し，シークエンスを解析することで，その菌叢を予測することができます。発酵食品を熟成している微生物達を調べることができま

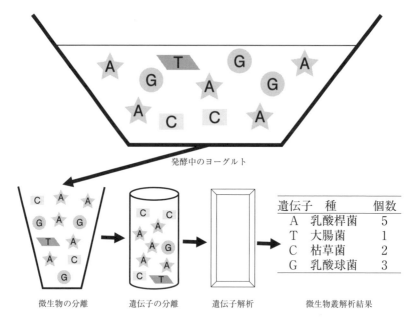

図13‐1　発酵ヨーグルトの微生物叢解析

す。

　微生物の遺伝子には，ほとんどの微生物で共通している部分と，各種，各属，各科で独特の構造を持つ部分があります。バクテリアでは16S リボゾーム RNA 遺伝子，真核微生物では異なるリボゾーム RNA 遺伝子の間にそのような構造が知られています。共通している部分をプライマーにして PCR 反応で遺伝子を増幅すると，独特の構造を持つ遺伝子を含めて遺伝子が増幅されます。この遺伝子を解析すると，どのような微生物が生育していたかが分かります。

2. 後発酵茶の主役達

（1）石鎚黒茶の生産法

　発酵茶というと紅茶やウーロン茶を思い浮かべるかもしれません。しかしこれら発酵茶は実際には微生物による，本当の意味の発酵によって作られているわけではありません。茶葉に含まれるカテキン類を，茶葉が持つ酵素でタンニンに変化させているだけです。第4章で学んだように，微生物を介した発酵により生産される発酵茶があります。その中で，比較的研究が進んでいる石鎚黒茶の菌叢解析を紹介します。

　石鎚黒茶の製法を図13-2に示しました。先ず，収穫した茶葉を洗浄後，蒸して殺菌します。枝を除き木の箱に茶葉を入れ，熱湯殺菌した布

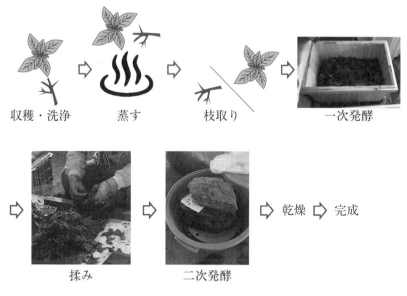

図13-2　石鎚黒茶の製造過程

で茶葉を覆い，木の蓋を軽くします。箱は，山間の冷涼な場所に置き，ほこりが入らないようにビニールシートなどで覆い，一週間程度発酵させます。この発酵を一次発酵といいます。この発酵後，茶葉を箱から取り出し，手で揉みます。揉む際には洗濯板などを用いています。この茶葉を厚めのビニール袋に詰めて，大きめのポリバケツにいれます。体重などをかけながら，ビニール袋にある空気を除き，ポリバケツの中に詰めます。その上に重しをします。漬物をつけているような要領です。約二週間比較的温かいところに静置します。これが二次発酵です。発酵を終えた茶葉は，すだれなどに広げて二日間程度天日干しにします。品質をチェックした後に，石鎚黒茶として出荷されます。

（2）石鎚黒茶発酵に関与する微生物達とその能力

　発酵前の茶葉，一次発酵後の茶葉，二次発酵後の茶葉を入手して遺伝子を抽出すると，各微生物の増加量に比例してその微生物の遺伝子の量が増えることが期待できます。発酵前に比べて，一次発酵では一次発酵で増えた微生物の遺伝子，二次発酵では二次発酵で増えた微生物の遺伝子が多く検出されることが期待できます。また，この増えた微生物達が，発酵の主役であろうと推定することができます。発酵前の微生物，一次発酵後の微生物，二次発酵後の微生物の属名とその優先率を図13-3と図13-4に示しました。図の中の記号は，異なるロットの生産過程を意味しています。全体を100として%で示しています。

　未発酵の真菌類に注目（図13-3）すると *Alternaria* 属が多く見られます。このカビは植物の葉面に頻繁に生息していることが知られています。一次発酵後は *Aspergillus* 属のカビが多く生息しています。*Aspergillus* 属には，多くの麹カビが含まれます。日本酒や味噌，醤油で麹カビが，でん粉やタンパク質を分解するために利用されています。

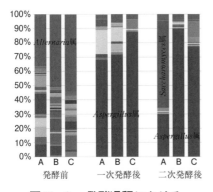

図13-3　発酵過程における真核微生物の変化

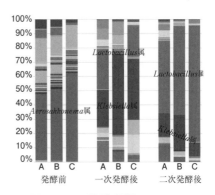

図13-4　発酵過程におけるバクテリアの変化

後発酵茶でも茶葉に含まれるでん粉やタンパク質などの高分子を分解するために利用されていると考えられます。日本酒や味噌，醤油も元々は自然発酵を起源としています。今では，後発酵茶の生産量が落ちており，あまり知られていませんが，日本酒や味噌，醤油と同じ様な起源なのかもしれません。

　バクテリアに注目（図13-4）すると，発酵前の茶葉には*Aerosakkonema*属のバクテリアに分類される，核を持たない藻類が多く検出されています。この藻類は水の中にいる藻類ですので，茶葉にいることは考えづらいです。もしかしたら，茶葉の葉緑体遺伝子を示しているのかもしれません。いずれにしても，藻類の遺伝子と茶葉の葉緑体の遺伝子が類似していることは興味あります。真核藻類や植物は，真核微生物に原核藻類が共生した結果進化したことを物語っています。一次発酵を終えると，*Klebsiella*属と*Lactobacillus*属の細菌が増えているのが分かります。*Klebsiella*属は腸内細菌群として知られており，環境中に多く存在し，酸素の有無にかかわらず生育できる微生物です。*Lactobacillus*属には，

代表的な乳酸菌が多く含まれています。*Lactobacillus* 属細菌について，確認したところ，*Lactobacillus plantarum* が優先であることが分かりました。*L. plantarum* は植物性の発酵食品に多く含まれることが知られています。

　第2章で学んだように，環境中には多種多様な微生物がいます。二次発酵の際に厚手のビニール袋に入れ，空気を追い出しているので，酸素のない嫌気条件であり，酸素を必要としない微生物が生育してくることは分かるのですが，どのようにして *L. plantarum* が優占種になったのでしょうか。乳酸菌は乳酸発酵をすることで，環境中の pH を下げて他の生物を生育しにくくすることはよく知られています。本当にそれだけで，優占種になれるのでしょうか。バクテリオシンという物質に注目した人がいます。バクテリオシンはバクテリアが生産するタンパク質性の抗菌物質です。バクテリオシンを生産できるバクテリアは周りにいるバクテリアの増殖を抑えることができます。第6章で学んだ，抗生物質のような役割があります。一次発酵後と二次発酵後の遺伝子を解析してみると，バクテリオシン遺伝子の蓄積が確認されました。一次発酵が終わった時点でバクテリオシン遺伝子の蓄積が確認できます。このバクテリオシンの遺伝子を *L. plantarum* が持っていることも分かりました。一次発酵の過程で，カビ類が旺盛に生育しますが，その間に *L. plantarum* がバクテリオシンを生産しながら，他種の微生物を駆逐していこうとする様子がうかがえます。二次発酵に入ると嫌気条件になり，バクテリオシンをさらに生産し，優占種になったと考えることができます。さらに興味深いことがあります。石鎚黒茶から分離した *L. plantarum* が抗生物質に強いことも分かりました。何故抗生物質に強いのでしょうか，考えてみてください。本章の最後に考察します。

　微生物の生態系は多様であり複雑であることは第2章で学んだと思い

放線菌

Streptomyces griseus

放線菌とは，細胞が菌糸を形成して生育するバクテリアのことをいいます。「酵母」や「カビ」のように，分類学的な名称ではなく，伝統的な微生物学における分類法です。代表的な放線菌として，*S. griseus*を挙げました。*S. griseus*は，ストレプトマイシンを生産する微生物として知られています。このほかにも*Streptomyces*属の放線菌は，抗生物質を生産し，抗生物質の多くが*Streptomyces*属バクテリアにより生産されています。抗生物質，バクテリオシン，カビ毒のように，他種の微生物の増殖に影響を及ぼす物質は，多くの微生物で知られています。多様な微生物環境において，各微生物が生存するための一つの有効な手段であると理解できます。

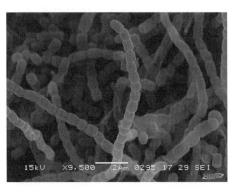

画像提供：独立行政法人製品評価技術基盤機構バイオテクノロジーセンター

ます。多様な微生物は自らの種を維持するために日々戦っています。そしてある環境の変化があると爆発的に増殖し優占種になることがあります。多くの発酵食品はこの例だと考えることができます。発酵食品の微生物叢解析をすることで少なくとも三つの可能性を我々に示してくれていると思います。先ず、微生物が自らを優占種にするために、何らかの戦略を持っているということです。*L. plantarum* は乳酸を周りの環境に蓄積することで環境の pH を下げるだけではなく、他の微生物が生育できなくなるようにバクテリオシンという抗菌物質を出して、優占種になる戦略を持っています。生物進化の一端を見ることができます。次は、環境が変わると優占種になる微生物が出てくる可能性です。自然では、茶葉は多様な微生物によって分解されると考えられますが、人が多少の手を加えるだけで、微生物の多様性がなくなるということです。生態系とは意外ともろいものかもしれません。最後に、人が乳酸菌と共存することで、今の暮らしを得たということです。乳酸菌は、ある種の環境の変化に適応して、爆発的に優占種となる能力があります。人が、もし乳酸菌を病原菌とするようなことがあると、多くの食品を生ですぐに、または調理して食べなくてはならなくなります。火を使えなかった人類にとっては、致命的で、今のように人口を増やすことは難しかったと考えることができます。乳酸菌側からすると人は乳酸菌に寄生して生きているのかもしれません。

3. なれ寿司の菌叢解析

　なれ寿司も歴史が古い発酵食品であることは、第4章で学びました。長年発酵されてきました。毎年、多少の違いがあるかもしれませんが、同じような発酵過程を経ていると考えられます。後発酵茶と同じように、菌叢解析を行いました。なれ寿司は、図13−5に示すような過程を経て

図13-5　なれ寿司の発酵法

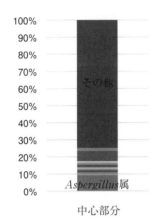

図13-6　なれ寿司の真
核微生物叢

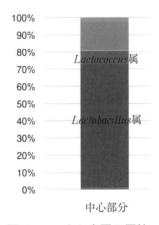

図13-7　なれ寿司の原核
微生物叢

生産されます。先ず，塩漬鯖を水にさらして脱塩し，白飯に乗せ，アセ（ダンチク）の葉で巻いて，桶に重石で漬けて発酵させます。桶で発酵しているため，多少の空気が入りますが，嫌気的な発酵と考えられます。なれ寿司の中心部分を取り，遺伝子を抽出しました。真核微生物の菌叢解析の結果を図13-6に示しました。一次発酵をしているわけではないためか，真核微生物は多様で，未同定の微生物もたくさんいます。逆に考えると，石鎚黒茶は真核微生物を意図的に生育させていると言えます。

図13-7に，バクテリアの菌叢解析をしました。バクテリアでは，*Lactobacillus* 属と *Lactococcus* 属が優先的でした。*Lactobacillus* 属は，石鎚黒茶で中心的な役割を果たしていた桿菌です。*Lactococcus* 属も乳酸菌を多く含む属で，*Lactococcus lactis* が有名です。*Lactococcus lactis subsp. cremoris*（クレモリス菌）は *L. lactis* の亜種でカスピ海ヨーグルトを構成する乳酸菌として知られています。なれ寿司から *L. plantarum* を分離できたので，解析しましたところ，やはりバクテリオシン遺伝子を持っていました。また，なれ寿司の中にバクテリオシン遺伝子が認められました。なれ寿司の発酵過程でも，乳酸菌がバクテリオシンを生産し優位に立とうとしていることが伺えます。

4. 発酵食品の味，D-型アミノ酸

　我々の体を構成するタンパク質はL-型のアミノ酸です。L-型のアミノ酸が，自然界のほとんどであると考えられてきました。食品に含まれるアミノ酸も当然同様に考えられていました。ところが，アミノ酸の分析技術が進歩し，食品，特に発酵食品の中にはD-型のアミノ酸が多く含まれることが分かりました。例えば，納豆は代表的な発酵食品で，多くのグルタミン酸が含まれますが，その約60％がD-型のグルタミン酸であることが明らかになっています。日本酒や食酢のように複雑な発酵を必要とする醸造食品にも，D-型のアミノ酸が含まれています。食酢の中でも，特に伝統的な手法を用いて醸造される黒酢に多くのD-型アミノ酸が含まれているようです。

　D-型アミノ酸はどのような味がするのでしょうか。これも解析されています。L-型のアミノ酸は，L-グルタミン酸のように旨味を呈するアミノ酸が知られていますが，多くのアミノ酸は苦みを呈することが知られています。ところが，D-型のアミノ酸の多くが甘みを呈すること

が分かりました。D-アラニンは，甲殻類の浸透圧を調節しているという知見があります。新鮮な程，D-アラニンが多いことが推定できます。食レポなどで，「甘い」と良く聞きますが，D-型のアミノ酸が関与しているのかもしれません。黒酢と普通の醸造酢を飲み比べましたが，明らかに黒酢はかなりマイルドな口当たりで甘みを感じることができました。発酵食品は，食品原料を長持ちさせることや微生物が生産する栄養分を摂取できるという利点を第4章で学びましたが，新しい機能として，食品の味を変えることができるという側面もあるようです。

　さらに，微生物ゲノム解析の進展により，乳酸菌にはL-型のアミノ酸をD-型に変換する酵素の存在が確認されています。遺伝子レベルでも，微生物の役割を理解することができます。

5. 石鎚黒茶の乳酸菌

　石鎚黒茶から分離した *L. plantarum* が抗生物質に強いことも分かっています。何故でしょうか。石鎚黒茶の一次発酵を司る微生物はカビ類です。カビ類には，他の微生物の増殖を抑える抗生物質を生産する仲間が多数います。一次発酵中には多くの抗生物質が生産されていることが推定できます。その中にあって，抗生物質耐性であることは，微生物が自分の身を守るためには，とても有効であると考えることができます。石鎚黒茶の *L. plantarum* が抗生物質に強いことは自然なことだと考えられます。

コロナウイルス

Coronaviridae

ウイルスは生物と定義されないこともありますが，微生物学の研究・学習対象です。感染症や食中毒の原因が微生物やウイルスだからです。暮らしの中でも重要な学習対象です。コロナウイルスは風邪の原因となるウイルスです。よく知られている COVID-19，SARS，MERS 以外にも HCoV-229E，HCoV-OC43，HCoV-NL63，HCoV-HKU1が知られています。コロナウイルスの大きさは100nm 程度で，エンベロープという外膜の中に遺伝子として RNA を保持しています。遺伝子の全長は30,000塩基程度です。バクテリアで最も小さい *Mycoplasma* で1,000,000塩基程度でしたから，かなり少ないことが分かります。エンベロープを持つことから，高濃度のエタノールや次亜塩素酸で死滅させることができます。通常のエンベロープを持たないウイルスは次亜塩素酸でないと死滅できません。人に感染するコロナウイルスの遺伝子構造が，コウモリやセンザンコウのコロナウイルスに似ていることから，これらに起源を求める科学者がいますが，その真偽は定かではありません。

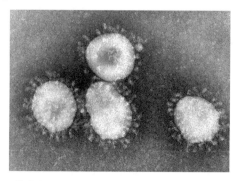

画像提供：CDC/Dr. Fred Murphy

課題研究

第5章で参考文献に挙げたように，味噌，醤油，日本酒の業界ではホームページを作成し，製品の歴史や生産額などを紹介しています。同様に他の製品でもホームページがありますので，興味のある「暮らしに役立つバイオサイエンス」製品のホームページを検索し，その製品と発酵に利用されている微生物について理解を深めていきましょう。

参考文献

□堀江祐範「地域資源としての *Lactobacillus plantarum* の多様性」『日本乳酸菌学会誌』29巻1号 p37（2018年）

□ M. Horie, H. Sato, A. Tada, S. Nakamura, S. Sugino, Y. Tabei, M. Katoh and T. Toyotome "Regional characteristics of Lactobacillus plantarum group strains isolated from two kinds of Japanese post-fermented teas, Ishizuchi-kurocha and Awa-bancha" (Bioscience of Microbiota, Food and Health Vol. 38 (1), 11–22, 2019)

□大森勇門，大島敏久「食品機能成分としてのD-アミノ酸の可能性」『生物工学会誌』90（3），135，（2012年）

14 | 微生物への挑戦，合成生物学

岩橋　均

《目標＆ポイント》　遺伝子組換え技術は生命を作り上げることが可能になる
技術と期待されています。それを目指すのが合成生物学です。合成生物学は
生命に必要な部品を組み合わせることで，生命活動を構築しようという試み
です。現在は，単細胞の生命を構築する研究がなされていますが，究極的に
はヒトを作ることが目的であると意識されています。そのため，倫理的なルー
ルを学ぶ必要があります。作るための責任をも含めて学びます。
《キーワード》　生命倫理，生物多様性，遺伝資源，合成生物学

1. 合成生物学とは

　合成生物学の語源は「Synthetic Biology」にあります。Synthetic は，
Synthesis の形容詞ですので，直訳すると「構成的生物学」「合成的生
物学」となります。これまでの生物学の主流は，研究対象を分解して研
究することでしたが，生物を作ることで研究する手法が合成生物学です。
ラジオを分解してその仕組みを理解しようとした経験のある方もいると
思います。ラジオを作り上げることで，本当のラジオの仕組みが理解で
きると思います（図14－1）。「解体新書」では，ヒトの解剖図が描かれ
ており，臓器の構造や機能を理解するために利用されました。生物学に
とって分解することは，その対象を理解する上では欠かせないことでし
た。ところが遺伝子組換え技術が開発され，生物の一部を作ることが可
能になりました。例えば第11章で学んだように，インシュリンは豚の膵
臓を分解し，抽出して作成されていましたが，遺伝子組換え技術により，

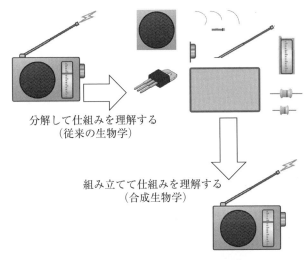

図14－1　合成生物学と従来の生物学

微生物を介して，ヒトのインシュリンと同じ構造のインシュリンを合成させることに成功しています。(微) 生物をヒトの力で合成することはまだまだ先のことかもしれませんが，合成生物学では，微生物のような単細胞を作ることを目的に研究がなされています。将来は，ヒトの臓器やヒトまでも合成することを目指しています。iPS 細胞を利用したヒトの組織や臓器を作ろうという試みも合成生物学の範囲です。

2. 微生物の設計図を人工的に合成する試み；
　 1077947塩基対の合成

　Mycoplasma 属バクテリアは，最も単純なバクテリアで，細胞壁を持たず，細胞や遺伝子の構造が最も小さい生物です。微生物の設計図である遺伝子のサイズが最も小さな微生物と言えます。この微生物の遺伝子を人工的に合成し，生育することが可能な *Mycoplasma* の作成に挑戦し

188

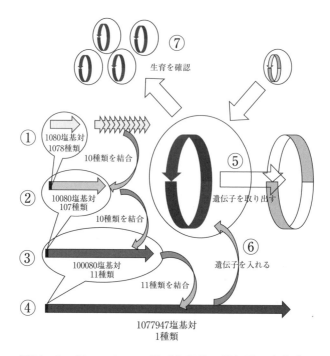

図14-2 *Mycoplasma* 属バクテリア遺伝子の全合成
①から順番に実施していく

た人たちがいます（図14-2）。目的とする遺伝子の塩基対は1077947に
なります。化学的に合成できる塩基対は約1000塩基です。これを
1077947塩基対にまで伸ばします。先ず，1080塩基の合成遺伝子を1078
個作ります（図14-2①）。この1078種類の遺伝子を順序よくつなげる
と *Mycoplasma* 属バクテリアの全遺伝子（ゲノム）ができあがるように，
設計されています。続いて，1080塩基対の合成遺伝子を順番につなぎ合
わせて，10080塩基対の合成遺伝子を作り，酵母細胞にいれます（図
14-2②）。このとき結合させる遺伝子の並び順は計画どおりでなけれ

ばなりません。重要なのは，酵母細胞の中で，ある程度安定的に遺伝子を保持できるということです。1078種類あった合成遺伝子は107種類になります（図14 - 2 ②）。酵母の細胞の中で10080塩基対の遺伝子が安定に保持され，いつでも調整できるようになります。107種類の酵母が，別々の遺伝子を持っています。次に107種類の遺伝子を107種類の酵母から抽出し，さらに結合させ100080塩基対の遺伝子を11種類作成し，酵母に入れて安定に保持させます（図14 - 2 ③）。100000塩基対，11種類の遺伝子は，さらに順番どおりに結合させ1077947塩基を完成させて，酵母の中で維持します（図14 - 2 ④）。以上の操作で1077947塩基に相当する *Mycoplasma* 属バクテリアの遺伝子が合成できたことになります。少し大きさが異なりますが，遺伝子に記録された設計図は同じです。

　遺伝子だけでは，生命を開始することはできません。そこで，*Mycoplasma* 属バクテリアから本来の遺伝子1077947塩基対を取り出し（図14 - 2 ⑤），合成した1077947塩基対の遺伝子を挿入することで（図14 - 2 ⑥），合成遺伝子が生物の一部として機能するか否かを検討しました。すると，合成遺伝子を導入された細胞は，増殖することができました（図14 - 2 ⑦）。もちろん本来の遺伝子を取り出された細胞は生育することができません。未だ生命を合成したとは言えませんが，生命の設計図である遺伝子を人工的に合成しても生命活動を維持できることを証明した実験になります。人工合成された遺伝子の設計に従って，新しい *Mycoplasma* 属バクテリアを再生しています。

　1077947塩基対の遺伝子には，525種類の構造遺伝子（タンパク質や核酸の設計部分）とそれらを繋ぐ部分がありました。その中には生育には必ずしも必要ではない部分があります。それらを根気強く解析し，不要な部分を除き，最終的には531000塩基対の遺伝子と473種類の構造遺伝子を作成することに成功します（図14 - 3）。不要な部分とは言っても，

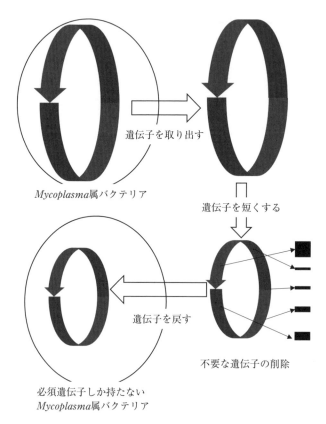

遺伝子を取り出す

*Mycoplasma*属バクテリア

遺伝子を短くする

遺伝子を戻す

不要な遺伝子の削除

必須遺伝子しか持たない
*Mycoplasma*属バクテリア

図14-3　*Mycoplasma* 属バクテリア遺伝子を最小限に

人が管理している条件では不要と言うだけで，自然界では必要な遺伝子かもしれません。塩基対としては約半分になっています。そして，*Mycoplasma* 属バクテリアに遺伝子として導入し，生育させることに成功しています。最も小さな遺伝子しか持たない生物を人工的に作ったことになります。この生物にいろいろな機能遺伝子を付加していくことで，生物進化を人工的に作ることも可能かもしれません。合成生物学が本格

的にスタートしたと考えることができます。

3．ゲノム編集技術

　ゲノム編集技術とは，狙った特定の遺伝子配列を切断する技術です
（図14−5）。本来は微生物が持っている機能です。微生物には，外敵が
います。その一つがウイルスやファージです。人にとってのウイルスと
微生物にとってのウイルスは同じように考えることができます。ウイル
スが微生物の中に侵入すると，微生物が持っているタンパク質の合成機
能や遺伝子の複製機能を利用して，ウイルスは自分のコピーをたくさん
作っていきます。作り終えると微生物の体を破壊して，次の微生物を探
して拡散していきます。我々人がウイルスに感染し，我々の細胞が破壊
されるのと同じことが起こります。

　微生物の中には，この侵入を防ごうとする機能を持ったものがいます。
それは，かつて侵入したことのあるウイルスの遺伝子情報の一部のある
特定の遺伝子配列を微生物遺伝子の中に記憶する機能です（図14−5
A）。そして，記憶した遺伝子と同じ配列のものが細胞の中に入ってく
ると（図14−5B），その配列から，ウイルスであると判断して，その
部分を切断します（図14−5C）。記憶と切断によりウイルスの侵入を
防いでいます。

　ゲノム編集技術では，どの遺伝子配列を切断するべきかという記憶を
切断したい遺伝子配列に置き換えます。この切断したい配列と切断機能
を動物などの細胞に導入すると動物の中にある切断したい配列と同じ遺
伝子配列を見つけて切断します。切断したい遺伝子配列と切断機能を，
細胞に導入できる生物であればゲノム編集が可能です。特定の遺伝子配
列は，切りたい部分の遺伝子に相補的な DNA や RNA が利用されます。
相補的な遺伝子を探してその部分を切断するのがゲノム編集です。ゲノ

192

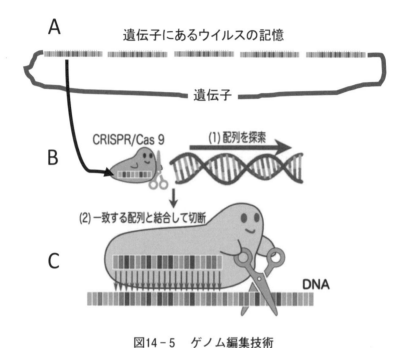

図14-5　ゲノム編集技術
ゲノム編集により，ある特定の遺伝子を破壊または挿入することができる

ム編集では，切断した部分に特定の遺伝子を挿入することも可能です。この原理は *Mycoplasma* 属バクテリアの遺伝子をつなぎ合わせるのと同じ技術で相同組換えを利用します。相同組換えとは同じ配列を持つ二種類の遺伝子をその同じ配列のところで結合する機能です。

4. 合成生物学を始める前に

　合成生物学という概念の下，分解するのではなく，生物を構築することで，生物を理解し，医学の発展につなげようという試みも始まっています。合成生物学は，人だけではなく動物の生命にも関わることですの

表14-1　合成生物学に必要なルール

項　目	例
生命倫理	人を対象とする医学系研究に関する倫理指針
	ヘルシンキ宣言
	ボロニア宣言
	動物を用いない代替法への置換（Replacement）
	動物数の削減（Reduction）
	動物に対する苦痛軽減（Refinement）
生物の多様性	カルタヘナ議定書
	遺伝子組換え生物等の使用等の規制による生物の多様性の確保に関する法律
知的財産権	名古屋議定書
	生物の多様性に関する条約の遺伝資源の取得の機会及びその利用から生ずる利益の公正かつ衡平な配分に関する名古屋議定書
	各国が独自に定める法律
安全性	遺伝子組換え食品の安全性に関する審査

で，生命倫理という視点での理解と社会の合意の上でこれらの研究が遂行される必要があります。また，様々な利害や安全性を脅かすという危惧もあり，法律で定められたルールもあります（表14-1）。

（1）生命倫理

生命を合成するという言葉を聞くと，フランケンシュタインを思い浮かべる人も多いと思います。これは文学作品に登場する合成人間の物語です。もしその様な技術が可能であったとしても，現在の社会では受け入れられないことは誰でも想像できることです。一方で，臓器移植が厳格な基準の下ではありますが，実施されていることも事実です。我々は，生命という課題に取り組む限り，その倫理的側面を考えなければいけません。特に医学関係では厳格に議論されています。厚生労働省と文部科

学省は「人を対象とする医学系研究に関する倫理指針」を平成26年に定めて，インホームド・コンセント（医師が充分に患者に説明しそれを理解した患者の同意を得ること），個人情報保護，有害事象への対応などに対する対応を指針で定めています。科学的な議論だけではなく，社会科学や人文科学などを含めた多角的な視点での観点の必要性を示しています。歴史的にも，1964年のヘルシンキ宣言では，ヒトを対象とする医学研究の倫理原則が宣言され，現在でも受け継がれています。さらに，動物実験に関しても，1999年にボロニア宣言が採択され，「動物を用いない代替法への置換（Replacement）」「動物数の削減（Reduction）」「動物に対する苦痛軽減（Refinement）」の３Ｒといわれる基本原則が定められています。生命を研究や利用の対象とする場合は，上記以外にも多くの倫理的な課題を理解しておく必要があります。

（2）生物多様性，知的財産権

　倫理的な側面は，ヒトや動物だけにとどまりません。微生物を扱う際にも知っておかなければならない決まりがあります。1992年に合意された生物多様性条約は，①生物の多様性の保全，②生物資源の持続可能な利用，③遺伝資源の利用から生ずる利益の公正かつ衡平な配分を目的としています。生物多様性条約の趣旨に従うと，特定の樹木だけを植林することも生物多様性を脅かすことになり，多様性条約の趣旨に反することになります。生物多様性条約を受けて2000年には，合成生物学と最も関連の深いカルタヘナ議定書が採択されています。カルタヘナ議定書では，遺伝子組換え生物等が生物の多様性の保全及び持続可能な利用に及ぼす可能性のある悪影響を防止するための措置を規定しています。我が国では，カルタヘナ法「遺伝子組換え生物等の使用等の規制による生物の多様性の確保に関する法律」として2003年に成立しています。カルタ

大腸菌

Escherichia coli

iGEM（国際合成生物学コンテスト）で最も利用されている生物です。これは，遺伝子操作を行う上で最も基本となる生物だからです。遺伝子操作を初めて可能にした微生物であり，遺伝子を操作するための部品がそろっています。合成生物学を推進するためには欠かすことのできない微生物です。また，腸内に生息する微生物であることから，この微生物が検出されると，糞便による水の汚染が危惧されます。河川，湖，海水浴場などの環境水の汚れの程度の指標として用いられています。

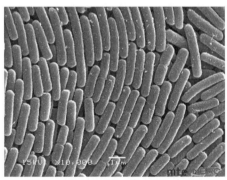

画像提供：独立行政法人製品評価技術基盤機構バイオテクノロジーセンター

ヘナ法には罰則が規定されています。遺伝子組換え生物が環境に放出された際に環境中の生物多様性に影響しないことが大前提となります。このための細かい規定が省令などで定められています。大学等の研究機関では，各機関で細則が定められ，この細則を理解していないと遺伝子組換え実験が許されない仕組みになっています。生物多様性条約の趣旨には，単に生物環境だけでは済まされない趣旨が含まれています。知的財産権の保護です。これを定めたのが名古屋議定書「生物の多様性に関する条約の遺伝資源の取得の機会及びその利用から生ずる利益の公正かつ衡平な配分に関する名古屋議定書」です。2010年に名古屋で採択されました。ある地域に生息する微生物や動物，植物さらにそれらの遺伝子はその地域の財産であると考えて，許可無く別の地域に移動することを制限しています。海外旅行でおいしい発酵食品を見つけたので持ち帰るという行為は，名古屋議定書では制限されています。名古屋議定書の趣旨に則った法律は各国が定めることになっているので，国により法律が異なります。海外では，植物を無断で採取して逮捕者が出たというニュースを聞いたこともあります。生物の多様性と知的財産権については，第15章で詳しく学びます。

（3）安全性

　「遺伝子組換え食品の安全性に関する審査」もあります。遺伝子組換えした作物（GMO, Genetically Modified Organism）の安全性に対する審査です。我々が毎日食べる多くの食品は，その安全性を確認したものはほとんどありませんが，GMOでは，動物実験などを行い，安全性を確認した製品だけが流通するシステムです。

　最近の新しい技術では，ゲノム編集技術があります。体の大きい鯛や特定の栄養分の豊富なトマトなどは，聞いたことがあると思います。ゲ

ノム編集技術を用いた食品は，二種類に分類されています。ある特定の遺伝子を一部除いた生物とある特定の遺伝子部位に他の生物や人工的に作った遺伝子を導入した生物です。前者の生物は，ある特定の遺伝子が障害を受けているだけで，自然界でも起こることを人工的に起こしていることになるので，遺伝子組換え生物には当たりません。後者は，別の生物や人工的な遺伝子が組み込まれているため，遺伝子組換え生物GMOとされ，カルタヘナ法の適用を受け，「遺伝子組換え食品の安全性に関する審査」を受ける必要があります。

　合成生物学は夢のような技術と考えられますが，実際に研究や開発をしている現場では，単に研究に打ち込むだけではなく，研究者倫理をはじめとした，社会的な責任も負いながら研究がなされています（表14-1）。

5.　国際合成生物学コンテスト

　毎年11月頃，アメリカのボストンでは，主に大学生や大学院生が参加し，合成生物学の世界大会（The International Genetically Engineered Machine competition（iGEM））が開かれています。生物学のロボコン（ロボットコンテスト）とも言われる大会です。微生物や細胞に新たな機能を付与して，その成果を競う大会です。世界から数百の大学が参加します。各大学の学生は，新しいアイデアを考え新しい機能を持った生物を持ち寄り，その成果を競います。実際に生物を持ち寄ることはしませんが，新しい機能が付与されたことを証明することが義務づけられています。これまでに，日本からも10校以上の大学が参加しています。

　例を挙げると，iGEM GIFU チームは，環状の mRNA を人工的に作るシステムを構築し，巨大なタンパク質の合成に挑戦しています（図14-4）。第10章（図10-2）で学んだように，タンパク質は mRNA の

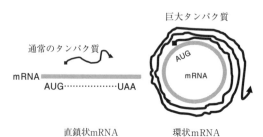

通常のタンパク質

巨大タンパク質

mRNA
AUG・・・・・・・・・・・・UAA

AUG
mRNA

直鎖状mRNA 環状mRNA

図14 - 4　直鎖状 mRNA と環状 mRNA によるタンパク質の合成

情報に従って作られています。そしてこの mRNA は，直鎖状をしてお
り，タンパク質合成の開始（遺伝暗号では AUG）と終止（遺伝暗号で
は UAA，UAG，UGA）の情報も持っています（図10 - 2，表10 - 1）。
これにより一つのタンパク質が合成されます。もし，この mRNA が直
鎖状ではなく環状で，さらに終止の情報が無ければ，永遠にタンパク質
を作ることになります。生物の反応ですので永遠に続くことはありませ
んが，かなりの大きなタンパク質を作ることが可能です。彼らは実際に
環状の mRNA の合成に成功し，巨大なタンパク質の合成に成功してい
ます。

　合成生物学の進展には新しい技術や発見が必要であるため，合成生物
学コンテストは，若い科学者の参入を促すために開くことを目的として
います。ただし，合成生物学を実施するには，倫理的な側面や法律を理
解する必要があります。iGEM では，この点を厳しく求めます。さらに，
合成生物学の意味と各大学が作成した新しい生物の意義を社会に問うこ
とも求められています。合成生物学は生命を操作する学問です。新しい
アイデアだけではなく，社会とのコミュニケーションなくしては成り立
たない分野です。

課題研究

映画ジュラシック・パークでは琥珀に封印された蚊が吸血した対象の恐竜の遺伝子を採取することから始まります。採取した恐竜の遺伝子配列を解析し，復元します。さらに，復元した遺伝子の不足部分をカエルの遺伝子で補完し，これをワニの未受精卵に注入することで恐竜を再生する手法が描かれています。これは1990年代の映画ですが，現在の技術では同じ操作をすることは可能です。果たして恐竜を復元できるでしょうか，考察してください。

参考資料

□外務省ホームページ https://www.mofa.go.jp/mofaj/gaiko/kankyo/jyoyaku/bio.html

□外務省ホームページ https://www.mofa.go.jp/mofaj/gaiko/kankyo/jyoyaku/cartagena.html

□外務省ホームページ https://www.mofa.go.jp/mofaj/ic/ge/page22_002805.html

□経済産業省ホームページ https://www.meti.go.jp/policy/mono_info_service/mono/bio/cartagena/anzen-shinsa2.html

□農林水産省ホームページ https://www.affrc.maff.go.jp/docs/anzenka/attach/pdf/genom_editting-5.pdf

□ iGEM GIFU ホームページ http://2014.igem.org/Team:Gifu

15 | バイオサイエンスをささえる微生物に与えられた課題

重松 亨

《目標＆ポイント》 食品から始まった微生物の利用技術は，医薬品を中心とした工業技術，環境技術へと発展して来ました。現在は，化成品生産への期待，バイオエタノールで知られるエネルギー生産への期待が高まっていますが，本当に可能なのでしょうか。現在の技術では何ができて何ができないのか，何を解決しなければならないのかを学びます。
《キーワード》 バイオサイエンス関連産業，バイオマスエネルギー，未培養微生物，マイクロバイオーム

1. これからのバイオサイエンスに対する期待

　これまで学んできたように，人類の微生物との深いつきあいは有史以前から始まって現在も続いています。ネアンデルタール人の時代には始まっていたと考えられる埋葬，そして，文明の誕生とともに始まった有用微生物による発酵食品の製造や有害微生物を殺菌する方法などがそのルーツと考えられます。これらの微生物の利用技術は，微生物学という学問の誕生およびその発展に伴い，次第に科学的に理解され改良されるようになりました。顕微鏡や純粋培養法の開発は，肉眼では観察が難しい微生物を視覚的にとらえる術を人間に提供し，自然発生説が否定されるとともに，自然界のいたるところに多種多様な性質やはたらきをもつ微生物がいることが分かってきました。

　微生物学の誕生と発展により，それまでの微生物の利用技術は，例え
ば伝統的な発酵食品に見られる匠の技から，もっと工業的に微生物を利
用する技術へと進化することになりました。バイオサイエンス・バイオ
テクノロジーの時代の到来です。この進化は同時に，微生物を利用する
産業領域の拡大にもつながりました。伝統的な発酵食品から発展したバ
イオサイエンスの食品への利用が，現在でもバイオ産業の中核を占めま
す。特にわが国は日本酒等の発酵食品の製造を強化し，国内への供給に
とどまらず輸出にも力を傾けています。また，第13章でも学びましたが，
これらの伝統的な発酵食品を対象として新しいバイオサイエンスの研究
手法を適用することで，新しい知識や発見ももたらされています。

　一方で，バイオサイエンスの医療・医薬品分野への発展がレッドバイ
オテクノロジー（「血液」をイメージして「レッド」と呼ばれているよ
うです）という技術分野を生むことになりました。また，従前の化学産
業にバイオテクノロジーを応用して環境負荷を低減させることを目的と
して化成品生産分野に発展したホワイトバイオテクノロジー（産業バイ
オテクノロジーとも呼ばれます），そして農業，環境分野に発展したグ
リーンバイオテクノロジーという技術分野も誕生しました。バイオマス
資源を微生物で変換してできるエタノール（バイオエタノール）への期
待も高まっています。さらに，遺伝子診断や委託分析をはじめとしたサ
ービス産業へのバイオサイエンスの拡大も新しいバイオテクノロジーと
して注目されています。これらの新しいバイオテクノロジーを支えてい
るのが，分子生物学を中心とした新しいバイオサイエンスです。第14章
でとりあげた合成生物学は，発展したバイオサイエンスを活用して微生
物や生物を合成しようとするもので，これらの新しいバイオテクノロジ
ーへの挑戦も始まっています。

　科学の発展に基づいて技術が進歩するという構造は，バイオサイエン

ス・バイオテクノロジーに限らず全ての科学技術領域において言えることかもしれません。実際，多くの産業分野に発展を遂げたバイオテクノロジーの進歩は日々目覚ましく，さらなるバイオサイエンスの発展があたかも薔薇色の未来を約束してくれるようにも予想され，非常に大きな期待が寄せられているのも事実でしょう。しかし，実際はどうなのでしょうか。ここで，バイオサイエンスの今後の発展のためにクリアしなければならない重要な課題の中から微生物に関係の深いものをいくつか考えてみましょう。

2. 自然界の微生物―実はほとんど分かっていなかった

これまで述べてきたように，人間は様々な自然環境から微生物を見つけ出してその性質を明らかにし，様々な産業に利用してきました。ドイツのコッホ（Heinrich Hermann Robert Koch）らにより考案された微生物を純粋にして培養する技術が微生物を調べる基本的な方法として続

表15-1　自然界の微生物の培養率（寒天平板で培養可能な微生物数／顕微鏡で見える全微生物細胞数）

試　料	培養率（％）
海水	0.001〜0.1
淡水	0.25
中栄養湖	0.1〜1
汚染されていない河口水域	0.1〜3
活性汚泥	1〜15
底泥	0.25
土壌	0.3

R. Amann（1995）Microbiol. Rev.

いてきました。しかし，1990年前後の時期から，この方法では見つけることの難しい微生物が自然界には多く存在することが分かってきました。表15-1には，海水，淡水などの自然環境試料を顕微鏡観察した際に認められる微生物の中で，通常の寒天平板培地で培養可能な微生物の割合「培養率」を示したものです。培養率の値は，低いものではたった0.001％，最も高いものでも，活性汚泥の15％に過ぎないことが分かります。つまり，自然界の微生物の約90％以上は，容易には培養できない微生物だということです。こうした容易には培養できない微生物のことを「難培養性微生物」といいますが，少なくとも現在は培養できていないという考え方から「未培養微生物」という呼び方も広まりつつあります。培養できないということは，その微生物の性質はよく分からない未知な微生物，ということです。

　こうした未知な微生物に関する情報を集めるため，培養できなくても，環境試料からDNAを抽出して遺伝子を調べる方法が開発され，部分的な情報がわかってきました。現在，地球全体で，ドメイン *Archaea*（古細菌，アーキア）および *Bacteria*（細菌，バクテリア）に分類される原核微生物だけでも10^{29}個が存在すると推定されています。第2章で土壌1gあたりにおよそ100億個のバクテリアが活動していることを学びましたが，その種類は100万種との推定結果が報告されています。ところが，これに対して，純粋培養に成功して性質が調べられているものはほんのわずかで，2019年時点で認められているものは，アーキアではわずかに377種であり，バクテリアでも9,980種に過ぎないという報告があります。このように，現在の科学で分かっている微生物は地球に存在する微生物の内ほんの一部に過ぎないのです。さらに，生理活性を保持しているけれども何らかのストレスにより寒天培地などでは培養できないVBNC（Viable but NonCulturable）微生物が食品や環境中に多数存在

するということも明らかになってきました。腸管出血性大腸菌 *Escherichia coli* O157：H7，レジオネラ菌（*Legionella* 属細菌），コレラ菌（*Vibrio cholerae*）はいずれも，ヒトの体内から分離した場合は簡単に培養できますが，環境中に放出されると VBNC 状態に移行して培養できなくなることが分かっています。こうした，通常の方法では培養しにくい未培養微生物にはどんな種類のものがいて，それらがどういう機能を持っているのか。例えば食品産業の場合，食品や原材料にどのように影響するのかを解明することが，微生物学の大きな課題の一つとして浮かび上がってきました。

　こうした難培養微生物・未培養微生物の存在は，環境産業に微生物を利用する場合にも大きな課題を与えています。例えば，廃水処理における活性汚泥プロセスや嫌気性消化プロセスなどはいずれも微生物の作用で有機物を分解して水を浄化しています。しかし，これらのプロセスにおいて活躍する微生物についてもほとんどが難培養性微生物・未培養微生物です。どんな微生物がどういう働きをしているのかが分からないので，プロセスの運転管理や改良を科学的に行うのが難しいのです。近年の分子生物学の急速な発展により，難培養性微生物を含めた微生物の全体像を，純粋培養を用いずに遺伝子を解析することで明らかにしようとする新しい方法が誕生しました。この方法により，培養されていない微生物のデータベース化が進められています。これでそのプロセス中の微生物の全体像を明らかにすることは可能となりました。しかし，遺伝子の解析だけで個々の微生物の性質や微生物間の相互作用を読み解くのは難しいのが現状です。最近，し尿，有機産業廃棄物の完全リサイクルを目指すバイオプロセスの開発などが注目を集めています。こうした技術は環境産業としても非常に大切です。しかし，微生物学のさらなる発展とともにさらに成長が必要な技術の一つと言えそうです。

　有害物質で汚染された土壌を微生物の力で浄化するバイオレメディエーション技術についても大きな課題が残されています。いくら有用な分解微生物を汚染された土壌に投入しても，もともと棲みついている微生物に負けてしまっては効果を発揮できません。そのため，難培養性微生物を前提として微生物間の相互作用を調べる方法が，今後の発展に向けて必要と考えられています。

　環境産業を中心として，数多くの難培養性微生物の存在がクローズアップされてくると，われわれ人間の体に存在する微生物についても関心がもたれることになりま

図15-1　"Learning about who we are" が掲載された科学雑誌 Nature 486巻（7402号）の表紙（人体に多くの微生物が生息している様子が描かれています）
出典：Springer Nature journal cover, David A. Relman, ©2012

した。2012年の科学雑誌 Nature に衝撃的なレポート "Learning about who we are" が掲載されました（図15-1）。人体には，自身の細胞数（約37兆個）をはるかに上回る数の微生物が，主人であるヒトの心身の状態をコントロールしているのではないかというものです。微生物が作る内なる生態系「マイクロバイオーム」が，人体の作ることができない有益な物質を生み出したり，過剰な免疫反応を抑えたりしていることが分かってきたのです。もっとも身近であるはずの人体の微生物についても研究が始まったばかりなのです。

　実はほとんどわかっていなかった微生物。もちろん，この講座を担当

する私達も日夜一生懸命微生物学の発展のために研究を進めていますが，バイオテクノロジーを支えるバイオサイエンスにも多くの未解明かつ重要な部分が課題として残っていることを認識した上で，新しいバイオテクノロジーを評価し，利用する必要があるということを強調させていただきたいと思います。

　一方で，未知の微生物が多く存在するという現在のバイオサイエンスの限界は，これからのバイオサイエンスの発展に向けた潜在力の大きさを示すことでもあります。自然界の様々な環境に生息する未培養微生物を発見し調べることで，新しい有用酵素や代謝様式，機能の発見につながる可能性も期待されます。その結果，エネルギー・環境・気候変動など，様々な問題を解決する糸口となる可能性もあると考えられています。

　ただし，ある未培養微生物が純粋培養に成功して調べられるようになったとしても，すぐに「暮らしに役立つ」技術につながるわけではありません。自然界に生息する微生物は，様々な他の微生物や自然環境の中で形成される生態系において，それぞれの役割を果たしながら生息しています。そこからある微生物だけを取り出して純粋培養した段階で，自然界とは違った性質を示す可能性も考慮しなくてはなりません。また一方で，未培養微生物の純粋培養に成功して見つけられた機能や能力の中で，社会的なニーズに応えられるものかどうかの評価，そして経済性に適合するかどうかの評価を乗り越えて，ようやく「暮らしに役立つ」技術となっていきます。バイオテクノロジーの発展のためには，どのような壁があり，どのようにしてその壁を越えるのかを意識しながら研究や技術開発を行う必要があると思います。

3.　微生物は誰の財産かという議論

　バイオテクノロジーの急速な進歩は，バイオサイエンスを支える微生物や遺伝子が一体誰のものかという議論を生み出すことにつながりました。例えば，日本の研究者が海外で有用な微生物を見つけて，日本に持ち帰ってその微生物あるいはその遺伝子を利用した技術を開発したとしましょう。その場合は，日本の財産ということになるのか，見つけた現地の財産ということになるのか，という知的財産権の帰属の問題です。

　従来，特許など知的財産権の関わる範囲は主に機械や電気などの工業分野でした。農業などのバイオテクノロジーは，微生物や生物といった自然を相手とした生産活動であり，自然の恵みとして生産物を得るので，知的財産とは無関係であると考えられがちでした。しかし，日本で育成された作物や家畜の品種が海外に持ち出されて生産され，これが国内の産業に影響を及ぼす例などの増加に伴って，わが国でも次第に問題視されるようになりました。現在ではバイオテクノロジーならびにそれを支えるバイオサイエンスにおいても知的財産権が認められています。特許庁の「生物関連発明」についての審査基準では，生物には，微生物（微生物自体，その利用法など），動植物（動植物自体，その一部，その作出方法や利用法など）のほか，増殖可能な動植物の細胞（形質転換体，融合細胞など）も含まれています。また，有用機能が解明された遺伝子や有用なタンパク質についても，特許の対象とされています。

　バイオサイエンスおよびバイオテクノロジーにおける知的財産権が保護されるようになると，有用機能を持った微生物や有用機能の元となる遺伝子がビジネスの種となってきました。そうなると，先進国の大手企業や研究機関などが，世界各地で積極的に遺伝資源の採取を行って利用することになります。1990年前後には，「遺伝子ハンター」とよばれる

ゲンマティモナス・アウランティアカ
Gemmatimonas aurantiaca

2003年，産業技術総合研究所の研究グループが，下水処理場の活性汚泥からこの細菌を純粋分離しました。好気性の細菌であり，ポリリン酸を蓄積すること，そして出芽により増殖する性質が認められています。分類学上新規性の高い細菌であり，既存のどの分類グループにも当てはまりませんでした。そこで，この細菌が属する分類グループとして，新しい門である *Gemmatimonadetes* 門を提案して認められました。この研究は，わが国のグループが新しい門を提案した最初の例となりました。未知で未培養微生物の性質を調べるために純粋分離する挑戦を，わが国の研究者も続けています。

ドメイン *Bacteria*（細菌），*Gemmatimonadetes* 門，*Gemmatimonadetes* 綱，*Gemmatimonadales* 目，*Gemmatimonadaceae* 科，*Gemmatimonas* 属

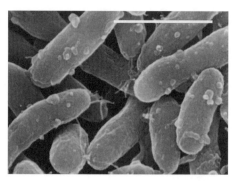

Gemmatimonas aurantiaca の顕微鏡写真
バーは1μmの長さを示す
出典：Satoshi Hanada, National Institute of Advanced Industrial Science and Technology, Japan

人たちが僻地や孤島などで珍しい遺伝子資源を採取することで一攫千金を目指しました。その結果，遺伝資源を利用する側（先進国）と提供する側（途上国）という不公平な対立構造ができあがったため，国際的な公平性を守ろうとする動きが生じてきました。

　2010年，名古屋で開催された第10回締約国会議（COP10）において，生物多様性条約の議定書―いわゆる名古屋議定書が採択されました。この名古屋議定書については第14章でも学びましたが，遺伝資源の利用で生じた利益を，国際的に公平に配分することがこの議定書の目的です。遺伝資源の利用から生じる利益の公正かつ衡平な利益配分によって生物多様性の保全を図るとの考え方から，生物多様性条約の目的の一つ「公平性」を実現する方法の一つと考えられています。この議定書により，ある国の研究者が外国で見つけた微生物や遺伝資源を勝手に自分の国の財産にしてはいけないというのが国際的にルール化されたわけです。現在，この名古屋議定書を守るための法体制づくりが環境省を中心に進められています。生物多様性を含めた地球環境の維持とバイオ産業化のより適切な連動は，これからのバイオサイエンスとバイオテクノロジーの発展に向けた大きな課題と言えるでしょう。

4.　遺伝子組換え技術に関する規制

　分子生物学の発展を基礎として遺伝子組換え技術が登場すると，バイオサイエンスの発展とバイオテクノロジーの進歩が爆発的に加速しました。いわゆるニューバイオ時代の到来です。レッドバイオテクノロジーの分野における遺伝子組換え技術の応用は様々な有用なバイオ医薬品の開発につながり，人間の暮らしに大きく貢献することになりました。一方，食品分野における遺伝子組換え技術の応用も，作物品種の改良，有用酵素の生産などの形で私達の暮らしに貢献しています。しかし同時に，

こうした遺伝子組換え技術の普及は「この技術が本当に安全なのか」という新しい問題を提起することになりました。

1976年，米国国立衛生研究所（National Institute of Health; NIH）が世界初の遺伝子組換え実験ガイドラインを制定しました。これを受けて，わが国では1979年に当時の文部省および科学技術庁が，それぞれ学術利用および産業利用のための「組換え実験指針」を制定しました。その後，遺伝子組換え技術を用いた食品については厚生労働省が食品衛生法に基づいて，また，遺伝子組換え技術を用いた飼料については農林水産省が飼料安全法に基づいてそれぞれ評価してきました。遺伝子組換え作物については，農林水産省の「農林水産分野などにおける組換え体の利用のための指針」に基づいて評価してきました。しかし，これら指針や評価は法的な強制力を持つものではありませんでした。

2000年，遺伝子組換え生物の使用による生物多様性への悪影響を防止することを目的とした「生物の多様性に関する条約のバイオセーフティに関するカルタヘナ議定書（カルタヘナ議定書）」が国連で採択されました。このカルタヘナ議定書については第14章でも学びましたが，この議定書のわが国における実施のため，2003年に「遺伝子組換え生物等の使用等の規制による生物の多様性の確保に関する法律（カルタヘナ法）」が成立し，公布されました（2004年より施行）。この法律の目的は，国際的に協力して生物の多様性の確保を図るために遺伝子組換え生物等の使用等を規制し，カルタヘナ議定書の的確かつ円滑な実施の確保を図ることです。この法律は，財務省，文部科学省，厚生労働省，農林水産省，経済産業省，環境省の関係6省にまたがるもので，それまでの各省庁で別個に定められていた指針などは廃止され，一本化されることになりました。こうして，わが国で初めてガイドラインではなく法律で遺伝子組換え技術が規制されることになりました。遺伝子組換え生物という用語

はカルタヘナ法によって初めて法律的に定義されたのです。

　カルタヘナ法では，遺伝子組換え生物の使用を，圃場での栽培や食品原料としての流通などの「環境中への拡散を防止しないで行う使用（第一種使用等）」と，実験室内での研究などの「環境中への拡散を防止する意図をもって行う使用（第二種使用等）」とに区分し，その使用を規制しています。もともと，カルタヘナ議定書が遺伝子組換え生物が環境中へ拡散することで生態系への悪影響を防止することを目的としているので，カルタヘナ法での規制区分がこのようになっているのですが，この法律を中核として，例えば農作物の場合は食品衛生法および食品安全基本法などの法律と連携をとりながら，遺伝子組換え食品の安全性を評価しているのが現状です。

　1977年に誕生した遺伝子組換え技術ですが，この技術を規制する法体制がようやくできた段階なのです。今後，この技術の安全性を科学的に考えながらバイオテクノロジーを進歩させていく必要があります。各国が自主的にこの技術を規制していた時期に，それぞれの国の間での温度差から，遺伝子組換え微生物を用いた研究あるいはその産業化についても，格差が生じてしまったのではないかと考えられます。カルタヘナ議定書により全世界で統一した基準が設けられたことにより，少なくともこうした格差が縮小に向けられるものと思います。

　また，カルタヘナ議定書は，あくまでも遺伝子組換え生物が環境中へ拡散することで生態系への悪影響が及ぶことを防止する目的でできたルールです。しかし，世の中で関心を集めている議論は，遺伝子組換え食品を食べた時に病気になるかどうか，が主なもののようにも思います。この両者はお互いに深く関連しますが，現時点では区別して考える必要がありそうです。特に食品に関しては，遺伝子組換え技術は良いイメージを持たない声も伺います。遺伝子組み換え技術を用いた食品の安全性

については，今後，明らかにしていかなければならない課題と言えるでしょう。その中で，この技術を使うことによるリスクと利益をより広い視野で客観的に検討する必要があるように思います。

　遺伝子組換え技術の安全性は人間への安全性だけでなく，生態系への安全性も考慮しなくてはなりません。生態系において微生物は目に見えない存在であり，前述のように未培養微生物も多いため，特に解析が難しいです。遺伝子組換え技術の安全性を考える上で，微生物を含めた生態系に対する影響を明らかにする必要があるのです。遺伝子組換え技術ついての議論は，バイオサイエンスそしてバイオテクノロジーの発展に向けての大きな課題と言うべきでしょう。

5. まとめ

　本章では，これからのバイオサイエンスの発展に向けての期待の中で，大きな課題と考えられるいくつかのポイントについて説明してきました。バイオサイエンスを支える微生物についての人間の知識は驚くほど少ないこと，そして遺伝子組換え技術を規制する法律がわが国においてようやくできた段階であることは強調しておく必要があると思います。有史以来，バイオテクノロジーはわれわれ人間の暮らしに非常に多くの利益をもたらしてくれました。バイオサイエンスの発展によりバイオテクノロジーを効率的に進化させる手段を人間は獲得しました。バイオテクノロジーのこれからの進化を支えるためにも，こうした課題をクリアしながらバイオサイエンスはより一層発展しなくてはなりません。新しい技術を科学的に評価しながら活用する方法を間違えなければ，これまでと同様あるいはそれ以上にバイオサイエンスは極めて有用な成果を人間にもたらしてくれることでしょう。

課題研究

この科目では，バイオサイエンスという学問分野を通して，微生物が日常の暮らしにいかに役立ち，また産業を支えているのかを学んできました。今回の第15章では，特に現在から未来にかけての微生物学そしてバイオサイエンスに与えられた課題を考えてみました。新しい技術としてこれからの発展が期待されているバイオテクノロジーの例を調べて，想定される課題を考え，その実現可能性を考えてみてください。

参考文献

☐ R. Amann, W. Ludwig and K.-H. Scleifer "Phylogenetic identification and in situ detection of individual microbial cells without cultivation" Microbiol. Rev., 59 (1), 143-169 (1995)

☐ J. Gans, M. Wolinsky and J. Dunbar "Computational improvements reveal great bacterial diversity and high metal toxicity in soil" Science, 309 (5739), 1387-1390 (2005)

☐ National Center for Biotechnology Information, http://www.ncbi.nlm.nih.gov/taxonomy.

☐ D. A. Relman "Learning about who we are" Nature, 486 (7402), 194-195 (2012)

☐ 太田隆久『生命工学概論』コロナ社（2010年）

☐ 金川貴博『ありがとう，微生物たち』東洋書店（2013年）

☐ Y. Roskov, G. Ower, T. Orrell, D. Nicolson, N. Bailly, P. M. Kirk, T. Bourgoin, R. E. DeWalt, W. Decock, E. van Nieukerken, J. Zarucchi, L. Penev, eds. Species 2000 & ITIS Catalogue of Life, 2019 Annual Checklist. Digital resource at www.catalogueoflife.org/annual-checklist/2019. Species 2000: Naturalis, Leiden, the Netherlands. ISSN 2405-884X (2019)

☐ H. Zhang, Y. Sekiguchi, S. Hanada, P. Hugenholtz, H. Kim, Y. Kamagata, K. Nakamura "*Gemmatimonas aurantiaca* gen. nov., sp. nov., a gram-negative, aerobic, polyphosphate-accumulating micro-organism, the first cultured representative of the new bacterial phylum *Gemmatimonadetes* phyl. nov." Int. J. Syst. Evol. Microbiol., 53 (4), 1155-63 (2003)

索引

●配列は五十音順。

●欧　文

分担執筆者紹介

（執筆の章順）

安部　博子 (あべ・ひろこ)

・執筆章→ 2・7

2000 年	大阪市立大学大学院理学研究科生物学専攻後期博士課程修了（博士（理学））
2000 年	工業技術院生命工学技術研究所分子生物部・特別技術補助職員（ポスドク）
2000 年	NEDO 養成技術者(A)（NEDO フェロー）（産業技術総合研究所糖鎖工学研究センター）
2003 年	香川大学医学部細胞制御医学講座寄附講座教員（助手）
2005 年	産業技術総合研究所研究員
現在	2010 年より香川大学連携大学院客員准教授（併任）
	2011 年より産業技術総合研究所主任研究員
専門分野	細胞生物学
研究内容	糖鎖改変酵母に関する研究免疫制御機能を示す天然由来成分の探索
主な著書	バイオ医薬品開発における糖鎖技術（共著）シーエムシー出版
	酵母菌・麹菌・乳酸菌の産業応用展開（共著）シーエムシー出版
	Development of N- and O-linked oligosaccharide engineered S. cerevisiae strain. Glycobiology, 26(11): 1248-1256 (2016)
	Yuzu (Citrus junos Tanaka) peel attenuates dextran sulfate sodium-induced murine experimental colitis. Journal of Oleo Science, 67(3) 335-344 (2018)

井口　晃徳 (いぐち・あきのり)

・執筆章→ 3・12

2009 年	長岡技術科学大学大学院工学研究科博士後期課程修了（工学博士）
2009 年	東北大学大学院工学研究科土木工学専攻　研究支援者
2012 年	新潟薬科大学応用生命科学助教
現在	2020 年より新潟薬科大学応用生命科学准教授
専門分野	環境微生物学，環境工学
研究内容	環境中の未培養微生物の機能解析，生物処理プロセスの最適化および微生物制御に関する研究
主な著書	High-throughput screening of food additives with synergistic effects on high hydrostatic pressure inactivation of budding yeast, High Pressure Research, 39: 2, 280-292 (2019)
	Effects of the koji amazake and its lactic acid fermentation product by Lactobacillus sakei UONUMA on defecation status in healthy volunteers with relatively few stool frequencies, Food Science and Technology Research, 25: 6, 853-886 (2019)
	メタン発酵プロセスにおいてオクタデカンの分解に直接的に関与する嫌気性微生物群の探索　土木学会論文集 G（環境），75 巻，7 号 p. III_145-III_151 (2019)
	高圧を利用した細胞壁処理が CARD-FISH 法に及ぼす影響　土木学会論文集 G（環境），74 巻，7 号 p. III_247-III_253 (2018)

髙橋　淳子 (たかはし・じゅんこ)

・執筆章→ 6・9

1993 年	ダイキン工業㈱
1998 年	東北大学工学研究科博士後期課程修了工学博士
2005 年	独立行政法人産業技術総合研究所
現在	独立行政法人産業技術総合研究所
	健康医工学研究部門主任研究員
専門分野	生体医工学，生物機能工学，分子生物学
研究内容	生体親和性放射線増感剤の研究開発
主な著書	DNA Strand Break Properties of Protoporphyrin IX by X-Ray Irradiation against Melanoma. International journal of molecular sciences, 21(7): 2302 (2020)
	Screening of X-ray responsive substances for the next generation of radiosensitizers. Scientific Reports. 9(1): 18163 (2019)
	Verification of radiodynamic therapy by medical linear accelerator using a mouse melanoma tumor model. Scientific Reports 8(1): 2728 (2018)
	5-Aminolevulinic acid enhances cancer radiotherapy in a mouse tumor model. SpringerPlus 2: 602 (2013)
	Characterization of reactive oxygen species generated by protoporphyrin IX under X-ray irradiation, Radiation Physics and Chemistry, 78-11, 889–898 (2009)

編著者紹介

岩橋　均 （いわはし・ひとし）
・執筆章→1・4・5・13・14

1986 年	北海道大学大学院農学研究科博士後期課程修了（農学博士）
1986 年	通商産業省工業技術院微生物工業技術研究所
2001 年	独立行政法人産業技術総合研究所
現在	2011 年より岐阜大学応用生物科学部教授
専門分野	応用微生物学，環境生物学，
研究内容	酵母からヒトまで，真核生物のストレス応答に関する研究
主な著書	Atmospheric and Biological Environmental Monitoring（共編著）Springer
	水環境ハンドブック（共著）朝倉書店
	High Pressure Bioscience and Biotechnology（共著）Springer
	地球環境と放射線：生態系への影響を考える（共著）研成社

重松　亨 （しげまつ・とおる）

・執筆章→ 8・10・11・15

1995 年	東京大学大学院農学生命科学研究科博士課程修了（博士（農学））
1995 年	(特)新エネルギー・産業技術総合開発機構（NEDO）研究員
1997 年	(株)海洋バイオテクノロジー研究所研究員
1999 年	熊本大学工学部物質生命化学科助手
2000 年	熊本大学大学院自然科学研究科助手
2006 年	新潟薬科大学応用生命科学部助教授
2008 年	新潟薬科大学応用生命科学部准教授
現在	2013 年より新潟薬科大学応用生命科学部教授
専門分野	応用微生物学，食品工学
研究内容	高圧技術と微生物利用技術を中心とした食品の加工・保存および発酵に関する研究
主な著書	食品高圧加工の最新動向（共著）缶詰技術研究会 食と微生物の事典（共著）朝倉書店 高圧バイオサイエンスとバイオテクノロジー（共著）三恵社 High pressure bioscience, basic concepts, applications and frontiers（共著）Springer Science+Business Media 環境と微生物の事典（共著）朝倉書店 進化する食品高圧加工技術―基礎から最新の応用事例まで―（共編著）エヌ・ティー・エス 難培養微生物研究の最新技術 II（共著）シーエムシー出版

放送大学教材　1960016-1-2111（テレビ）

改訂版　暮らしに役立つバイオサイエンス

発　行　　2021年3月20日　第1刷

編著者　　岩橋　均・重松　亨

発行所　　一般財団法人　放送大学教育振興会
　　　　　〒105-0001　東京都港区虎ノ門1-14-1　郵政福祉琴平ビル
　　　　　電話　03（3502）2750

Printed in Japan　ISBN978-4-595-32285-3　C1345